新时代师范教育研究系列丛书

从孔子到陶行知：
中国师范教育思想精粹

主　编　孙家明
副主编　李寒梅　张成林
参　编　王乐平　王继峰　丁凡凡　邓梦菲
　　　　谭雪晴　丁丽梅　姚航业

北京理工大学出版社
BEIJING INSTITUTE OF TECHNOLOGY PRESS

内 容 简 介

本书汇集了从孔子到陶行知等名家名师的师范教育思想，从社会历史环境背景、历代名家名师的实践活动，以及他们关于师范教育的思想观点三个方面，考察与整理我国师范教育思想的形成与发展历史。既有对于师范教育里程碑式人物的介绍、思想脉络的阐释，也有能反映先贤们师范教育思想精髓的作品与案例，以期对中国师范教育思想发展进行全面的梳理。

全书结构完整，脉络清晰，层次分明，案例丰富，既可作为各级师范院校的教育学用书，也可作为教育学爱好者的参考读物。

版权专有　侵权必究

图书在版编目（CIP）数据

从孔子到陶行知：中国师范教育思想精粹/孙家明主编. --北京：北京理工大学出版社，2022.1
　　ISBN 978-7-5763-0832-7

　　Ⅰ. ①从… Ⅱ. ①孙… Ⅲ. ①师范教育-教育思想-研究-中国 Ⅳ. ①G659.29

中国版本图书馆 CIP 数据核字（2022）第 010879 号

出版发行 / 北京理工大学出版社有限责任公司
社　　址 / 北京市海淀区中关村南大街 5 号
邮　　编 / 100081
电　　话 /（010）68914775（总编室）
　　　　　（010）82562903（教材售后服务热线）
　　　　　（010）68944723（其他图书服务热线）
网　　址 / http://www.bitpress.com.cn
经　　销 / 全国各地新华书店
印　　刷 / 三河市华骏印务包装有限公司
开　　本 / 710 毫米×1000 毫米　1/16
印　　张 / 9.5　　　　　　　　　　　　　　　责任编辑 / 王晓莉
字　　数 / 173 千字　　　　　　　　　　　　 文案编辑 / 王晓莉
版　　次 / 2022 年 1 月第 1 版　2022 年 1 月第 1 次印刷　责任校对 / 周瑞红
定　　价 / 50.00 元　　　　　　　　　　　　 责任印制 / 李志强

图书出现印装质量问题，请拨打售后服务热线，本社负责调换君子知至学之难易而知其美恶，然后能博喻，能博喻然后能为师，能为师然后能为长，能为长然后能为君。故师也者，所以学为君也，是故择师不可不慎也。

——《礼记·学记》

　　教师是过去和未来之间的活的环节，是克服人类无知和恶习的重要的社会成员，是过去历史上所有崇高而伟大的历史人物跟新一代之间的中介人。

——加里宁

前言

百年大计，教育为本，教育大计，教师为本。2018年1月，中共中央 国务院印发《关于全面深化新时代教师队伍建设改革的意见》，对我国教师队伍发展的目标提出了明确要求，指出到2035年，"要培养数以百万计的骨干教师，数以十万计的卓越教师，数以万计的教育家型教师"。当前我国正处于实现中华民族伟大复兴的关键时期，在中华民族伟大复兴的伟大工程中，教师可以说扮演着关键角色且发挥着重要作用。

十八大以来，党和国家高度重视教师队伍建设，对教师问题给予高度关注，充分肯定了教师的价值，指出了教师应具备的素质，以及发挥作用的路径。

首先，在教师作用方面，教师队伍建设关乎国家繁荣、民族振兴和教育发展，所以"各级党委和政府要从战略高度来认识教师工作的极端重要性，把加强教师队伍建设作为基础工作来抓，满腔热情关心教师，改善教师待遇，关心教师健康，维护教师权益，充分信任、紧紧依靠广大教师，支持优秀人才长期从教、终身从教，使教师成为最受社会尊重的职业"。并指出"一个人遇到好老师是人生的幸运，一个学校拥有好老师是学校的光荣，一个民族源源不断涌现出一批又一批好老师则是民族的希望"，从个人、学校和民族三个层面，客观、科学地论述了教师的作用。其次，在教师素质方面，"每个人心目中都有自己好老师的形象。做好老师，是每一个老师应该认真思考和探索的问题，也是每一个老师的理想和追求""好老师没有统一的模式，可以各有千秋、各显身手，但有一些共同的、必不可少的特质"，具体而言，即有理想信念、有道德情操、有扎实学识、有仁爱之心的"四有"好老师。再次，在教师价值实现途径方面，既需要外部条件的支持，也需要教师自身的坚守。就外部条件而言，要让教师有获得感、幸福感，安心教书，党和国家要努力改善教师的工作环境和待遇。就个人因素而言，教师要坚持"四个相统一"，即"坚持教书和育人相统一，坚持言传和身教相统一，坚持潜心问道和关注社会相统一，坚持学术自由和学术规范相统一"。因此，深刻学习、领会关于教师作用、教师素质和教师价值实现途径的系统论述，对于师范教育的发展具有十分重要的意义，也可以说造就高素质专业化创新型教师，师范教育责任谓之重大。

中国在原始社会时期，没有专门的教育活动，但是古人要生存、发展，离不开对前人经验的学习和总结，这就需要有人来做经验的传授工作。原始人群主要是"依靠集体交流、传授有关的生产和生活经验，也依靠集体教养后代"。进入氏族公社时期后，"氏族酋长总是从每个氏族同一家庭中选出的习俗，在这里也造成了最初的部落显贵"，可以说这些"部落显贵"通常承担着教育职责，他们也就成为最初的教师。如古籍记载：

"伏羲氏之世，天下多兽，故教民以猎。"

"包牺氏没，神农氏作，斫木为耜，揉木为耒，耒耨之利，以教天下。"

"尧聘弃，使教民山居，随地造区，研营种之术……乃拜弃为农师，封之台，号为后稷，姓姬氏。"

"后稷教民稼穑，树艺五谷，五谷熟而民人育。"

……

从这些记录可以看出，这些教师的教育活动主要体现在生产劳动过程和劳动经验传授方面。氏族公社末期，随着社会生产力的发展以及社会分工的扩大，教育与生产劳动逐渐分离，出现了学校的萌芽。董仲舒曰："成均，五帝之学。""成均"乃是贵族弟子学习音乐的地方。《孟子》曰："庠者养也，校者教也，序者射也。夏曰庠，殷曰序，周曰校，学则三代共之，皆所以明人伦也。"这一阶段学校的教师常常由两种人来承担：一是由"部落显贵"兼任，他们一方面是行政的首领，另一方面也是学校的教师，即所谓"官师合一"；二是由经遴选的德高望重的年长者担任专职教师，这些最初的专职教师一般在官学任职。到了春秋战国时代，社会出现了巨大的动荡与变革。特别是在教育上出现三个显著的变化，即"天子失官，学在四夷"，官学逐渐衰微；私学的兴起打破了"学在官府"的教育垄断局面，出现了中国历史上第一批以教师为职业的教育家；士阶层崛起，其与私学相互促进，推动当时教育的发展。此后形成"官学"与"私学"共存的局面，"以吏为师"逐渐转向"以学者为师""以智者为师"，但是我国专门培养教师的师范教育机构或学校一直到19世纪末期才出现。

近代以来我国开始学习西方，先贤志士们提出"国势之强弱在于人才，人才之消长在于学校；环球各国竞长之争雄，莫不以教育为兴邦之急务"，并得出"中国不贫于财，而贫于人才"的论断，所以"故欲革旧习，兴智学，必以立师范学堂为第一要义"。1897年，南洋公学师范院成为我国第一所师范院校，正式开启了师范教育的序幕。师范教育制度自近代确立以来，我国教师职业逐渐由专门化阶段走向专业化阶段，教师发展进入了一个新的历史阶段。由此可见，我国的教师行业经历了一个从无到有、从不成熟到逐步成熟的演变过程，历代名家名师也是依据一定的社会背景，在教育实践中摸索及经验积累，展开教育生涯，总结与形成独特的师范教育思想，而他们的师范教育思想也一定程度上影响着师范教育乃至整个社会的发展。

一般而言，学界对于历代名家名师的研究无外乎两个方向：一方面从历史学的角度对名家名师进行人物考证，侧重于名家名师成长及教育实践的研究；另一方面从思想的角度对名家名师的教育思想进行深入挖掘，侧重历代名家名师对教育问题所持之见解与理论的研究。《从孔子到陶行知：中国师范教育思想精粹》试图将两者结合起来，从社会历史环境背景、历代名家名师的实践活动，以及他们关于师范教育的思想观点三个方面，考察与整理师范教育思想的形成与发展。该书汇集了从孔子到陶行知等名家名师的师范教育思想，这不是单一个人式的师范教育思想简介，也不是单纯辑录式的教育经典节录，而是希望把两者结合在一起，既有对师范教育里程碑式人物的介绍、思想脉络的阐释，也有能反映他们师范教育思想精髓的作品与案例，探讨中国师范教育思想发展的历史逻辑，以达到"史论结合"学习目标。

因此，《从孔子到陶行知：中国师范教育思想精粹》能够为教师提供一个精神世界的家园、一个意义世界的栖所、一个认识自己的镜子。我们期待：不是给予学习者一堆死的知识，而是给予有志于成为优秀教师的人以深邃的思想启迪，知古鉴今，决定取舍，以新时代的教师标准，为教师更好地成长与发展服务。

编　者
2021 年 10 月

目录

第一章　孔子师范教育思想 ……………………………………（1）
　一、德才兼备的教师目标观 ……………………………………（1）
　二、教师修养的六种品质观 ……………………………………（2）
　三、学而知之的教学方法观 ……………………………………（8）
　四、实事求是的学习态度观 ……………………………………（12）
　拓展阅读 …………………………………………………………（13）

第二章　孟子师范教育思想 ……………………………………（14）
　一、君子教育的教师目标观 ……………………………………（15）
　二、明善端的师范教育作用 ……………………………………（16）
　三、教师教学的五种方法观 ……………………………………（17）
　拓展阅读 …………………………………………………………（21）

第三章　荀子师范教育思想 ……………………………………（22）
　一、正视教师的地位与标准 ……………………………………（22）
　二、师范教育化性起伪之用 ……………………………………（24）
　三、培养礼法知行合一儒师 ……………………………………（25）
　四、闻见知行教师教学方法 ……………………………………（26）
　拓展阅读 …………………………………………………………（26）

第四章　董仲舒师范教育思想 …………………………………（28）
　一、置明师善为师的教师观 ……………………………………（29）
　二、明六经师范教育内容观 ……………………………………（30）
　三、强调主观努力的学习观 ……………………………………（30）
　四、纲常伦理的师范道德观 ……………………………………（32）
　拓展阅读 …………………………………………………………（33）

第五章　韩愈师范教育思想 (34)
　　一、尊师重道师范教育思想 (35)
　　二、"为道"师范教育目的 (37)
　　三、师范教育教与学方法观 (38)
　　四、尚贤使能的教师目标观 (40)
　　拓展阅读 (41)

第六章　张载师范教育思想 (42)
　　一、变化气质的教育作用观 (43)
　　二、以"四书""六经"为教育内容 (44)
　　三、注重道德品格修养教育 (45)
　　四、论师范教学原则和方法 (46)
　　拓展阅读 (49)

第七章　朱熹师范教育思想 (50)
　　一、明人伦师范教育目的观 (51)
　　二、小学、大学教育阶段论 (52)
　　三、六条师生读书学习方法 (53)
　　四、师范教育中教师教学观 (54)
　　五、重视德行的师范道德观 (57)
　　拓展阅读 (59)

第八章　王夫之师范教育思想 (60)
　　一、成身成性的师范教育目标 (60)
　　二、进善自悟的师生教学观 (61)
　　三、正言正行正教的教师观 (63)
　　拓展阅读 (64)

第九章　张之洞师范教育思想 (65)
　　一、师范教育为教育之基础 (66)
　　二、师范学堂为教育之造端 (67)
　　三、独立设置师范教育系统 (68)
　　四、全面发展的教师培养观 (69)
　　五、师范教育课程观和管理观 (70)
　　拓展阅读 (73)

第十章　梁启超师范教育思想 (75)
　　一、师范教育为"群学之基" (76)
　　二、设计独立师范教育制度 (77)
　　三、育新民之师范教育目的 (79)

四、师范教育课程和实习观 …………………………………… (80)
　　五、师范教育之师德师道观 …………………………………… (83)
　　拓展阅读 ……………………………………………………… (85)

第十一章　盛宣怀师范教育思想 …………………………………… (86)
　　一、新式人才有赖师范教育 …………………………………… (87)
　　二、首创正规师范教育机构 …………………………………… (88)
　　三、师范教育的教学与管理 …………………………………… (90)
　　四、两种师资培养模式 ………………………………………… (93)
　　拓展阅读 ……………………………………………………… (95)

第十二章　张謇的师范教育思想 …………………………………… (97)
　　一、师范教育视作教育之母 …………………………………… (98)
　　二、德智体三育教师培养观 …………………………………… (101)
　　三、践行自得主义教授方法 …………………………………… (102)
　　四、重视建立教学实习制度 …………………………………… (104)
　　拓展阅读 ……………………………………………………… (106)

第十三章　经亨颐师范教育思想 …………………………………… (107)
　　一、秉承"纯正教育"思想 …………………………………… (108)
　　二、养成人格之师范教育观 …………………………………… (112)
　　三、改革师范教育制度体系 …………………………………… (115)
　　拓展阅读 ……………………………………………………… (117)

第十四章　蔡元培师范教育思想 …………………………………… (118)
　　一、重视师范教育之功与用 …………………………………… (120)
　　二、重建师范教育制度体系 …………………………………… (120)
　　三、改革师范教育之培养观 …………………………………… (121)
　　四、师范生应具备之素养观 …………………………………… (124)
　　拓展阅读 ……………………………………………………… (127)

第十五章　陶行知师范教育思想 …………………………………… (128)
　　一、师范教育关乎国本地位 …………………………………… (130)
　　二、生活教育作为思想基础 …………………………………… (131)
　　三、广义师范教育论之内涵 …………………………………… (132)
　　四、师范教育之教师培养观 …………………………………… (133)
　　五、师范学校根植中心学校 …………………………………… (136)
　　六、"教学做合一"之教法 …………………………………… (137)
　　拓展阅读 ……………………………………………………… (139)

第一章
孔子师范教育思想

孔子（公元前551年—公元前479年），名丘，字仲尼，鲁国陬邑（今山东曲阜）人。孔子早年丧父，三岁时父亲叔梁纥去世。母亲颜氏携孔子离开陬邑，迁居于鲁国的政治文化中心曲阜阙里。由于生活贫困，他较早地为谋生而做事，学会多种本领，孔子自称"吾少也贱，故能多鄙事"。虽然如此，孔子儿时受母亲的礼乐教育，从十五岁"志于学"，青年时期在季氏门下当过乘田（掌管牛羊），还当过委吏（掌管仓库），由此他接触到社会下层，了解人民的愿望和要求；至"三十而立"，学业初成，并开始授徒讲学。公元前496年，孔子带领弟子离开鲁国来到了卫国，开始周游列国。公元前483年，孔子返回鲁国。公元前479年，孔子患病不愈而卒，终年七十三岁。孔子以诗、书、礼、乐、易、春秋等闻名，弟子盖三千焉，身通六艺者七十有二。作为中国伟大的教育家、思想家，以及儒家学派的创始者，儒家教育理论的奠基人，孔子在世时就被尊奉为"天纵之圣""天之木铎"，更被后世尊为孔圣人、至圣、至圣先师、大成至圣文宣王先师、万世师表。

一、德才兼备的教师目标观

首先，孔子认为，师范教育的目标在于培养德才兼备的君子。先，孔子属于平民中的士阶层，他对贵族统治者实行不人道的奴役和剥削、人民贫困不能安居的状况，非常不满。他谴责"苛政猛于虎"，要求合适地照顾老百姓的利益，消除苛政，避免出现两极分化，以改变现状。但自身又认为古代基本制度等是经过历史考验的，不应改变。不主张运用"革命"的办法，提出可以通过德政实现其最高政治理想（即大同社会）。

其次，孔子继承西周"敬德保民"的思想，主张采用德政。他说"为政以德，譬如北辰，居其所而众星共之"。以道德教化来治理政事，就会像北极星那样，自己居于一定的方位，而群星都会环绕在它的周围。统治者如果实行德治，群臣、百姓就自然地围绕着统治者，形成稳定的社会秩序。由此可见，孔子强调道德对政治生活的决定作用，主张以道德教化为治国的原则。这是孔子学说中较有价值的部分，表明儒家治国的基本原则是德治，而非严刑峻法。德政是依靠人来实施的，关键在于得人，改良政治就应当"举贤才"，把平民中的贤才推举出来，在位理政，使百姓诚服，才会有好的政治。

再者，孔子主张的政治改良路线，需要一批贤才才能实行。贤才并非天生，平民中的士经过教育提高才可成为有才能、有道德、可以从政的贤才，即君子。孔子对子夏的培养目标很明确："女为君子儒，无为小人儒。"表明其培养学生的教育目的就是要将其培养成君子。

因而在教师培养目标方面，孔子特别重视对君子品格的培养，在《论语》中谈到君子就有107次之多，例如，子路问君子，子曰："修己以敬。"曰："如斯而已乎？"曰："修己以安人。"曰："如斯而已乎？"曰："修己以安百姓。修己以安百姓，尧舜其犹病诸？"子路问："什么叫君子？"孔子说："修养自己，保持严肃恭敬的态度。"子路说："这样就够了吗？"孔子说："修养自己，使周围的人安乐。"子路说："这样就够了吗？"孔子说："修养自己，使所有百姓都安乐。修养自己使所有百姓都安乐，尧舜还怕难以做到呢？"孔子认为，修养自己是君子立身处世和管理政事的关键，只有这样做，才可以使上层人物和老百姓都得到安乐，所以孔子的君子品格可以分为两方面，即对己要能修己，对人要能安人，以至安百姓。"知所以修身，则知所以治人"，修养自身是从政治人的先决条件。孔子对君子强调三方面的修养要求，"仁者不忧，知者不惑，勇者不惧"，这三个方面的修养都是必要的，其中最为重要的是君子道德方面的培养和修养。

另外，孔子还提出从平民中培养德才兼备的从政君子，这条培养人才的路线，可以简约概括为"学而优则仕"。他认为，先学习礼乐而后做官的是平民，先有了官位而后学习礼乐的是贵族子弟。如果要选用人才，我主张选用先学习礼乐的人。这样学习和做官就有了密切联系，他鼓励学生们说"不患无位，患所以立"，不必担心没有官做，要担心的是做官所需要的知识本领没有学好。弟子们受此思想灌输，脑海中普遍存在为做官而学习的念头。"学而优则仕"口号的提出，确定了培养统治人才这一教育目的，在教育史上有着重要的意义，反映封建制度兴起时的社会需要，成为当时知识分子学习的重要动力。同时，与当时"任人唯贤"路线相配合，适应社会发展要求，具有实际意义。

二、教师修养的六种品质观

孔子热爱教育事业，"博学于文""好古敏以求之""敏而好学"，他提出"多闻，择其善者而从之，多见而识之"，要多听、多看还要多问，从而扩大知识的来源与范围,"君子欲讷于言而敏于行","好仁不好学,其蔽也愚;好知不好学,其蔽也荡;好信不好学,其蔽也贼;好直不好学,其蔽也绞;好勇不好学,其蔽也乱;好刚不好学,其蔽也狂"。仁、知、信、直、勇、刚是君子应具备的六种道德品质,也可以作为优秀教师的品质和条件。

(一) 教师自身需学而不厌

教师要尽自己的社会职责,重视自己的学习修养,广泛掌握知识,拥有高尚道德情操,这是作为教师的基本前提。他认为,教师需要保持"学如不及,犹恐失之"的积极入世态度,时刻保持不断前进的心态,他说"德之不修,学之不讲,闻义不能徙,不善不能改,是吾忧也",如果不学习,不修养,止步不前,就会失去做教师的基本条件,是值得思考担忧的。孔子认为自觉努力学习,好古敏以求之,对学习永不满足,认为:"可以与人终日而不倦者,其惟学乎!其身体不足观,也其勇力不足惮也,其先祖不足称也,其族姓不足道也,然而可以闻四方而昭于诸侯者,其惟学乎!"孔子认为,可以使人终日不知疲倦的,只有学习啊!一个人的身体再强壮也不足以令人害怕,勇力再大也不足以自豪,祖先与族姓再尊贵也是不足以夸耀的,但是可以使自己闻名四方连诸侯也都知道的,只有靠努力学习啊!孔子经常因为学习入迷而废寝忘食,"发愤忘食,乐以忘忧,不知老之将至云尔",孔子一生好学乐学,这为后世树立了终生为师的榜样。

(二) 教师需温故而知新

孔子认为,"温故而知新,可以为师矣",要求对过去的政治历史知识以及现在的社会现实问题都要掌握。教师既要了解掌握过去的政治历史知识,又要借鉴古代有意义的历史经验,发现与认识当代的社会问题,提出解决问题的办法与措施。同时对新旧知识之间的关系也进行了说明,认为旧知识是已有的知识成果,是认识继续发展的基础,温习旧知识时能积极思考联想,扩大认识范围或将认识进一步深化,从而寻求新的知识,获得新的知识,巩固旧知识和探索新知识,两者之间存在联系和区别的辩证关系,要求教师具有传递和发扬文化知识的使命,既要注意知识的传承,还需要探索创新,从而能够为学生提供源源不断的"新知、新见"。

(三) 教师需诲人不倦

孔子认为,教育是崇高的事业,教师要对学生有高度的责任心、对社会有高度责任心。教师以教为职业,也以教产生乐,要树立"诲人不倦"的精神。孔子自己就是这样的人,他从30岁左右开始办学,40多年从未间断过教育活动,就是在他从政的5年时间里,也同时从事教书育人工作。另外,在周游列国时,孔子四处讲学。按照"来者不拒、勤耕不辍"的要求,孔子直到晚年也没有结束教育工作，培养了3 000余学生。

教师"诲人不倦"的品质，不仅表现在教师终身从事教育上，还表现为以耐心说服的态度引导学生。虽然有的学生思想品德较差，起点很低，屡犯错误，但是孔子不加嫌弃，依然耐心教导，促其成人成才。例如学生子路，他原是粗野的人，长期与圣贤相处，经过潜移默化的熏陶，逐渐改变了气质。子路"未入孔门时，戴鸡佩豚，勇猛无礼，闻诵读之声，摇鸡奋豚，扬唇吻之音，聒贤圣之耳，恶之甚矣"，但"孔子引而教之，渐渍磨砺，阖导牖进，猛气消损，骄节屈折，卒能政事，序在四科。斯盖变性使恶为善之明效也"。子路在到孔子那里学习之前，不知礼节，比较野蛮，听见读书声就反感。后来跟着孔子学习几年，性格变化很大，能够从事政治工作。孔子身教言行，将子路改造过来，并成为杰出的人才，是对"诲人不倦"品质的坚守。

为什么孔子能长期诲人不倦呢？他曾说："爱之，能勿劳乎？忠焉，能勿诲乎？"孔子说："爱他，能不以勤劳相劝勉吗？忠于他，能不以善言来教诲他吗？"在这里，孔子讨论的是做教师要有"忠爱之心"。对学生要爱护，但爱护也有方法，是对他娇惯纵容，还是用艰难困苦磨炼他，如果就事论事，大多数人会选择后者，因为这是最合理的做法。孔子认为，真正的对学生之爱，应该是故意创造条件让他"劳"，这样不仅有助于培养吃苦耐劳的品质，还有助于培养学生分析问题、解决问题的能力。愚忠，大家都理解它的内涵，这里重点强调，忠不应该是愚忠。当学生出现明显差错时，要加以规劝教导。如果对学生一味"点头称是"，任由他们犯错误，这不仅是对学生的伤害，也会造成事业的损失。所以孔子才强调"忠焉，能无勿乎"。对学生的爱和高度负责，是孔子诲人不倦的教学态度的思想基础。

（四）教师需以身作则

孔子认为，教师对学生进行教育的方式，不仅有言教，还有身教。言教在于说理，以提高学生道德认识；身教在于示范，用自身实际行动引导学生。教师身教的示范，对学生有感化作用，因而言传身教很重要。孔子把以身作则作为师范教育的基本原则，对教师提出了严格要求。他说"其身正，不令而行；其身不正，虽令不从"，当教师本身言行端正，能做出表率模范，不用发号施令，学生自然起身效法，教育将会畅行无阻；如果当教师本身言行不正，虽下命令，学生也不会服从遵守。这句话揭示了教师需要以身作则，给学生做表率，才能达到教书育人的目的。因此，教师对学生的影响不能只用言教，不能只进行道德说教，自己不带头遵循道德要求，这样的教师是教不好学生的。教师更重要的是身教，身体力行，这样才能使学生心悦诚服地接受教育。这些品质来自师范教育的实践经验，不仅对道德教育是适用的，而且也具有普遍意义。

一方面，教师应以自己合乎道德规范的行为成为学生的榜样，凡提倡学生做的，教师必先自己做到，所说的和所做的要保持一致，这样才能在学生心目中树立威信。另一方面，言传身教对学生是一种无声的教育，身教是以身作则。教师所言所行都会影响到学生，对学生产生潜移默化的影响。因此，教师要以自己崇高的职业责任对学生言传身教，达到潜移默化的效果。

教师首先要做的就是外表端庄，言谈举止符合教师的规范。整洁朴素的着装，能够体现出教师的职业特点与美感。语言表达要文明、严谨，符合教师的身份。其次是教师要作风正派，品德高尚。加强对师德规范的学习，牢记职业要求，时刻都要记得"为人师表"，严格要求自己，爱岗敬业。再者作为教师一定要学识渊博，教学风格严格并有趣。教师要树立终身学习的理念，不断学习新的知识。在教学中，要有严谨、求实的教学态度，敢于接受学生的质疑，勇于修正错误，敢于提出新问题，善于发现问题、解决问题。

（五）教师需以学生为本

孔子认为"一日为师，终身为父"，作为处于教育主导地位的教师，要以学生为本，关爱学生，关心学生，这是教师的职责，也是师范教育的要求。

案例阅读

孔子与子路

子路只比孔子小9岁，跟随孔子时间最长。子路的性格耿直，疾恶如仇，孔子非常喜欢子路。在三千弟子中，子路也是少有的敢于顶撞孔子的，他们亦师亦友，"在陈绝粮，从者病，莫能兴。子路愠见曰：'君子亦有穷乎？'子曰：'君子固穷，小人穷斯滥矣。'"子见南子，子路不说，夫子矢之曰："予所否者，天厌之！天厌之！"子路当着孔子的面表示愤怒或者不悦，但孔子并未因此而生气，恰恰相反，表现出对子路的关心和爱护。

子曰："由，诲女知之乎！知之为知之，不知为不知，是知也。"孔子说的这句话的意思是：子路啊，我教给你的，你懂了吗？知道就是知道，不知道就是不知道，这才是真正的智慧！从整部《论语》来看，子路与孔子对话的次数是最多的，这里可以看出孔子和学生之间的亲切感，师生之间惺惺相惜。教师对学生的出身、知识底子非常了解，所以能够谆谆教导，循循善诱。先叫名字，然后提问，让人觉得既贴心又关爱，再慢慢培养学生的学习态度和原则。教会学生从无知到知、从少知到多知必须靠学习，也要经常提问，此乃"知之为知之，不知为不知"的真实含义。孔子经常和子路交流，有时甚至争论。所以，子路死前不忘孔子"君子死而冠不免"的教诲。

📖 案例阅读

孔子与颜回

面对颜回的死,哀公问:"弟子孰为好学?"孔子对曰:"有颜回者好学,不迁怒,不贰过,不幸短命死矣,今也则亡,未闻好学者也。"这句话的意思是:鲁哀公问:"你的学生中谁最爱好学习?"孔子回答说:"有个叫颜回的最爱学习。他从不迁怒于别人,也不犯同样的过错。只是他不幸短命死了。现在没有这样的人了,再也没听到谁爱好学习的了。"孔子深深地赞许了颜回好学的品质。颜回的好学不仅仅指他爱好学习,而且还包括他不迁怒、不贰过的心性修养。自己有了过失而不反省修正,反而怨恨别人,就是迁怒。对自己的过错照旧再犯而不思改正,或者对他人犯过的过失不加借鉴自己也犯,是为贰过。颜回能做到不迁怒、不贰过,可见他的德行、涵养极深。而他有此涵养,是由于他好学。所以孔子在他英年早逝后悲恸至极。子曰:"贤哉回也!一箪食,一瓢饮,在陋巷,人不堪其忧,回也不改其乐。贤哉,回也!"这句话的意思是:孔子说:"真是个大贤人啊,颜回!用一个竹筐盛饭,用一只瓢喝水,住在简陋的巷子里。别人都忍受不了那穷困而忧愁,颜回却能照样快活。真是个大贤人啊,颜回!"从上文可以发现,孔子对颜回能够做到淡泊自守非常高兴,尤其是颜回在贫困的环境下,依然不改其道。孔子此言既是对颜回的肯定,也是对颜回的褒扬。

📖 案例阅读

孔子与冉伯牛

孔子对学生非常关心。伯牛有疾,子问之,自牖执其手,曰:"亡之,命矣夫!斯人也而有斯疾也!斯人也而有斯疾也!"这句话的意思是:冉伯牛得了重病。孔子去看望,在屋子的南窗外握着他的手和他诀别。孔子说:"丧失了此人,这真是命啊!这样的人怎么会有这样的病!这样的人怎么会有这样的病啊!"此时能够感受到孔子心中的那份凄凉、那份悲愤,伯牛有疾之年,不知年龄几何,然作为其教师,看到学生生病的样子,又知道病不可治,只能对天长叹:伯牛这样的人怎么会有这样的病啊!伯牛这样的人怎么会有这样的病!孔子以极其沉痛的语气与他的得意门生冉伯牛诀别,体现了师生之间真诚深切的爱。

📖 案例阅读

孔子与子贡

孔子还有一个特别的弟子是子贡。孔子生前很喜欢子贡,被孔子称为"瑚琏之器"。孔子死后,筑庐守孝六年的仅子贡一人。由于教师对学生的爱、对学生的教诲，子贡成为一个贤德的人、一个有出息的人、一个有影响力的人。他始终牢记孔子"己所不欲，勿施于人"的教诲，坚持以诚待人、诚信交易。《论语》多处记载子贡与孔子探讨"信"的问题，孔子与子贡深知"信"乃立足之本，没有"信"一切就荡然无存。"言必信，行必果"，子贡也因此慢慢达到"忆则屡中""义利双赢"的境界，成为中国历史上十大商人之一、儒商鼻祖。

上述案例和事迹都表现了孔子与学生深厚的师生情谊，更体现出孔子爱护学生、以学生为本的师范教育思想。同时教师也受到学生们的尊敬，在学生眼里，孔子不仅学识渊博，而且人格崇高，其谆谆教导成为学生的座右铭，在学生心目中威望极高。特别是子贡，十分敬仰孔子，认为其师范教育思想有如日月光辉、照耀人间。这就是学生尊师的突出表现，也是体现教师以学生为中心的教育观。

另外，教师对学生的爱，还表现在对学生的严格要求上。没有对学生的严格要求就谈不上对学生的爱，这方面也是孔子作为教师的表率的集中体现。

案例阅读

孔子严格要求学生

宰予昼寝，子曰："朽木不可雕也，粪土之墙不可圬也，于予与何诛？"子曰："始吾于人也，听其言而信其行；今吾于人也，听其言而观其行。于予与改是。"这段话的意思是：宰予在白天睡觉，孔子说："腐朽了的木头不能雕刻，粪土一样的墙壁不能粉刷。对宰予这个人，不值得责备呀！"孔子又说："以前，我对待别人，听了他的话便相信他的行为；现在，我对待别人，听了他的话还要观察他的行为。我是因宰予的表现而改变了对人的态度的。"

季氏富于周公，而求也为之聚敛而附益之。子曰："非吾徒也！小子鸣鼓而攻之可也！"季氏比周朝的公侯还要富有，而冉求还帮他搜刮钱财，来增加他的财富。孔子说："他不是我的学生了，你们可以大张旗鼓地去攻击他！"由于冉求帮助季氏积敛钱财，搜刮人民，所以孔子很生气，不承认冉求是自己的学生，其他学生可以去声讨冉求。

从以上《论语》的对话中，可以看出，孔子对学生要求很严厉，但是学生对孔子是无比尊敬。宰予对孔子无限钦佩，曾说"以予观于夫子，贤于尧舜远矣"。同时，季康子问孔子是什么样的人，冉求带着无比崇敬的神情说："用之有名，播之百姓，质诸鬼神而无憾。"并在他的推动下，把流浪在外十四年的孔子接回鲁国。

（六）教师需教学相长

孔子认为，教学过程中教师对学生不单是传授知识，还应该教学相长。他在教学活动中为学生答疑解惑，经常和学生共同进行学问切磋。据记载，子贡曰：

"贫而无谄，富而无骄，何如？"子曰："可也。未若贫而乐，富而好礼者也。"子贡曰："《诗》云：'如切如磋，如琢如磨'，其斯之谓与？"子曰："赐也，始可与言《诗》已矣，告诸往而知来者。"这段话的意思是：子贡问："贫穷而能够不谄媚，富贵还能够不骄纵。做到这种程度，怎么样啊？"孔子说："还算可以吧。但还是不如这样的人啊：穷困却还乐于修身，富贵还能喜好礼德。"子贡说："《诗经》上说'如切如磋，如琢如磨'，您的意思也是这样吧？"孔子说："你啊，可以和我一起探讨《诗经》了。以前传授过的，你能触类旁通，悟出新的道理啊。"

这段话记载子贡和孔子讨论如何对待穷和富的问题。孔子希望他的弟子能够达到贫而乐道、富而好礼的境界，因而在平时对弟子的教育中，就把这样的师范教育思想讲授给学生。贫而乐道，富而好礼。这样，对个人可以得到最大限度的发展，对社会无论贫或富也都能做到各安其位，便可以保持社会的安定了。子贡引用《诗经》来做譬喻，说明他理解《诗经》的写作手法，也领会了学问道德对提高境界的价值。孔子还赞扬了子贡能触类旁通地灵活运用知识的能力。

子夏问曰："'巧笑倩兮，美目盼兮，素以为绚兮'。何谓也？"子曰："绘事后素。"曰："礼后乎？"子曰："起予者商也，始可与言诗已矣。"子夏问孔子："'笑得真好看啊，美丽的眼睛真明亮啊，用素粉来打扮啊'。这是什么意思呢？"孔子说："这是说先有白底然后画画。"子夏又问："那么，是不是说礼也是后起的事呢？"孔子说："你真是能启发我的人，现在可以同你讨论《诗经》了。"学生学《诗经》有疑难而请教，教师答疑就本来含义进行说明，学生得到启发进一步思考更有深度，教师于此也受到启发，向学生学习而获得收获。这体现了孔子提倡教学相长的教学方法，也是其师范教育思想的一种体现。

三、学而知之的教学方法观

孔子的自学过程和一生的教育教学实践经验都表明后天学习的重要性。总体来看，孔子的师范教育思想遵循"学而知之"的认识路线，其教学方法论也是以具有唯物主义倾向的认识路线为基础的。

（一）学思行有机结合

在教学方法上，孔子也有许多成功的经验和精辟的论述，"学而知之"是孔子进行师范教育的主要思想，学是求知的途径。学，不仅只学习理论知识，还要通过见、闻、习等方式来获得实践经验。孔子曰"多闻，择其善者而从之，多见而识之，知之次也"，又曰"默而识之"，又曰"君子多闻，质而守之；多志，质而亲之"。只有多闻，才能有所选择，择善而从，默识心记。特别是自己不懂的东西，更应注意多听取，多多闻知，这是解难释疑的有效途径。孔子认为，"朝闻道，夕死可矣"，如果能知晓大道，哪怕早晨闻知晚上死了也是值得的。

孔子提出，对于自己不知的东西，应该多闻、多见，努力学习，反对那种本来什么都不懂，却在那里凭空臆想、夸夸其谈的做法。这是他对自己的要求，要求自己的学生也这样去做。孔子特别主张独立思考，认为"学而不思则罔，思而不学则殆"，主张学思结合，反对两极分化：只思不学不能接受解疑的信息，获得更新的资料，就永远处于"愿学而未学，欲知而不知"的状态。孔子曾说："吾尝终日不食，终夜不寝，以思，无益，不如学也。"又说："不学而好思，虽知不广矣。"另外，若不对所学知识进行反思和消化，好学而不思就不能得其要领，不能懂其精义，必然迷茫而无所收获。鼓励学生独立思考，即使是教师说的也可以提出意见。他曾经批评颜回说："回也，非助我者也，于吾言无所不说也。"但后来经过反复考察，发现颜回实际上是用心思考了的，孔子就又高兴地说："吾与回言终日，不违，如愚。退而省其私，亦足以发，回也不愚。"意思是他起先与颜回讲了一整天的话，也不见颜回有不同意见，便以为他是个不动脑筋的人，等到考察过他的居家所为，才发现他有很多创见，由此可见，颜回也是一个多思善思的人。

案例阅读

孔子强调学思结合

孔子本人就是个好学善思的典型，他学习必穷究其所以然，从不囫囵吞枣。他曾从师襄学琴，一首曲子弹了十天，还不换新的，师襄说："可以弹新的了。"孔子曰："我仅学会曲调，还未得其技巧。"又练了些日子，师襄说："已经熟悉技巧了。"孔子答："我还未得其寓意所在。"又练了些日子，师襄说可以换新的了，孔子还是答曰："我还未想见作曲者的为人。"一直练下去，直到有一天他肃穆深思，舒心高望，极目远眺，说："我得其为人矣！其为人黝黑黝黑的，修长修长的，高瞻远瞩，大有一代圣王的气度！这不是周文王，又是谁呢？"师襄听了离席就拜，说明这支曲子正是周文王所作《文王操》。

子在川上曰："逝者如斯夫。"从这句话可以看出孔子遇到大江大河必观，因为他能从流水不返的现象中看出时间和生命的珍贵。甚至游山玩水，他也能从中体会出人生哲理。正如孔子所说："知者乐水，仁者乐山；知者动，仁者静；知者乐，仁者寿。"事出平凡，理得深奥。

从上述分析可以发现，学习与思考两者有机结合，符合人的认识发展规律。孔子认为，教师要根据学思结合的原则，不仅鼓励学生努力学好知识，还要引导学生积极思考，培养思维能力，对所掌握的知识多问几个为什么，要有史有据，还要知其所以然。

值得注意的是，孔子强调学习知识要"学以致用"，将学到的知识用于社会实践，如学《诗》，不仅要牢记内容，还要能应用到政治、社交上，若不能应用，学再多也无意义。学道德，需要知道社会道德规范，就要"笃行之"，体现在生活实践中，如当仁不让、闻义能徙、择善而从、知错能改等都是积极的行为，把自己对道德认识与道德实践结合起来。如"君子耻其言而过其行"，即君子夸夸其谈而言行脱节是可耻的事，他要求学生说话谨慎一些，做事勤快一些，"君子欲讷于言而敏于行"。他的弟子子夏说："贤贤易色；事父母，能竭其力；事君，能致其身；与朋友交，言而有信。虽曰未学，吾必谓之学矣。"从这里可以看出学与行的关系，学是方法，行是目的。

（二）启发诱导

孔子是世界上最早提出启发式教学思想的，比古希腊教育学家苏格拉底提出引导学生自己思索、自己得出结论的"助产术"思想还要早。

孔子主张"不愤不启，不悱不发。举一隅不以三隅反，则不复也"，愤与悱是内在心理状态在外部容色言辞上的表现。朱熹《论语集注》说："愤者，心求通而未得之意；悱者，口欲言而未能之貌；启，谓开其意；发，谓达其辞。物之有四隅者，举一可知其三，返者还以相证之义。复，再告也。"孔子说这句话的意思是，在教学时首先要让学生认真思考，通过思考之后想不明白的，可以启发学生；通过思考已有所领悟，但不能用恰当言辞表达出来的，这个时候可以去开导他。教师的启发是在学生思考基础上进行的，启发之后，让学生再思考，获得进一步的领悟。这种启发教学包含三个要点：第一，教师的教学工作要引导学生探索未知知识，激发学生强烈的求知欲，积极思考问题，并能明确表达；第二，教师的启发工作要以学生的积极思考为前提，主要体现在"开其意""达其辞"；第三，教师的教学工作要使学生的思考能力得到发展，能从具体实例中概括出普遍真理，再以普遍真理类推同类事物，而扩大认识范围。

孔子善用启发式教学法，培养学生思考能力。颜回说："夫子循循然善诱人，博我以文，约我以礼，欲罢不能。"意思是孔子能循序渐进、巧妙诱导启发学生思考，不仅使学生学习广博知识，又使学生掌握基本思想观点，在学习上不断前进。由此可知，颜回的好学和独立思考的能力，离不开启发式教学。

（三）因材施教

孔子是我国历史上首次提倡因材施教的教育家，其在师范教育实践的基础上，创造了因材施教的教育方法，并将其作为一个教育原则，应用于日常的教育教学实践中，取得了比较好的成效。

因材施教的首要条件是要了解学生间的个体差异和个性特点，孔子了解学生，最常用的方法两种有。第一，谈话。有目的地找学生谈话，有个别谈，有多人谈，方式较灵活，了解学生的志向，通过与学生自由交流到达教育目的。第二，观察。观察学生的一言一行来了解学生思想特点，避免判断的片面性，要"听其言而观其行"，只凭公共场合行为表现做判断具有片面性，还要"退而省其私"；只凭一时行为做判断具有片面性，还需对行为的全过程进行考察，要"视其所以，观其所由，察其所安"，注意学生的所作所为，观察其过去的行为，考察他的感情倾向，这样就可以了解一个人的思想状况了。

通过了解，孔子了解学生的个性特点，并进行评价。《论语》中多处记载，从品格优点方面做评价，如"由也果""赐也达""求也艺"；从缺点方面分析，如"柴也愚、参也鲁、师也辟、由也喭"；从两者比较来区分特点，如"师也过，商也不及""求也退""由也兼人"。因而可以看出孔子对学生的了解，仅用少许几个字就可以概括某一学生的个性特点。

案例阅读

孔子因材施教

子路问："闻斯行诸？"子曰："有父兄在，如之何闻斯行之？"冉有问："闻斯行诸？"子曰："闻斯行之。"公西华曰："由也问闻斯行诸，子曰有父兄在。求也问闻斯行诸，子曰闻斯行之。赤也惑，敢问。"子曰："求也退，故进之；由也兼人，故退之。"这段话的意思是，子路问："听到一个很好的主张，要立即就去做吗？"孔子答："家里有父兄，怎么能自作主张就去做呢？"冉求问："听到一个很好的主张，要立即就去做吗？"孔子答："当然应该立即去做。"公西华对此很不理解。孔子说："冉求遇事畏缩不前，所以要鼓励他去做。子路遇事轻率，所以要抑制一下，使他谨慎些。"以上事例表明孔子能区分不同学生的特点，有意识、有目的地因材施教。

（四）有教无类

孔子提倡有教无类的教育方针，这个方针对私学教育对象进行了原则规定，指导其教育实践活动，实行有教无类的教育方针，满足了平民入学受教育的愿望，适应了社会发展需要，顺应了历史发展潮流的进步思想，有利于中华民族文化的发展，也是孔子师范教育思想的重要组成部分。

孔子实行"有教无类"的教育方针，有效吸收了学生。孔子认为："自行束脩以上，吾未尝无诲焉。"意思是只要学生本人有学习的愿望，主动给我10条干肉，以履行师生见面礼，就可以成为弟子。事实表明，他的弟子来自各个诸侯国，分布地区较广，出身阶层也不一样，大多数弟子为平民，如颜回、子路、曾参、原宪、仲弓等，也有来自贵族家庭的，如孟懿子、南宫敬叔、司马牛等，还有商人出身的，如子贡，以及"大盗"出身的，如颜涿聚。正如良医之门病人多、良工之旁弯木多一样，孔子对弟子皆能兼收并蓄，教之成才，说明教师需要胸怀宽大，能容学生，以教育艺术的高明善化之。

四、实事求是的学习态度观

孔子认为师范教育过程需要师生双方的配合协作，如果只有教师兢兢业业的投入，而学生没有正确的学习态度，只会事倍功半。因而学生的学习态度端正，是师范教育成功的重要条件。

（一）学生要有好学乐学的态度

学生好学应当表现在实际行动中，孔子说："君子食无求饱，居无求安，敏于事而慎于言，就有道而正焉，可谓好学也已。"这句话的意思是：求学的人对吃住问题，不必过多计较，重要的是勤敏做事，慎于言行，向有道德学问的人学习，这才算好学。进一步而言，好学不够，还需乐学，他说："知之者不如好之者，好之者不如乐之者。"这句话的意思是知道学问有用而学的人，不如为了爱好学问而学的人，为爱好学问而学的人，不如以求学为乐的人。以学为乐的人具有强烈的求知欲望，对学习存在浓厚兴趣，对名利诱惑能够不心动，对饥寒威胁能置之度外。例如，颜回就是乐学忘忧的人，受到孔子的赞美。

（二）学生要有不耻下问的态度

有的人盲目自满，"亡而为有，虚而为盈，约而为泰，难乎有恒矣"，孔子认为有这种思想作风的人，难以保持一定操守原则。他要求学生"敏而好学，不耻下问"，学生不要以向地位比自己低、学识比自己差的人请教为耻。在孔子的教导下，颜回既是最好学的，也是最虚心的学生，始终"以能问于不能，以多问于寡；有若无，实若虚，犯而不校"，这种虚心求教的态度受到了肯定。

（三）学生要有实事求是的态度

知识由学而得，要知得多、知得全、知得真，需要有实事求是的态度。孔子曾对子路说："知之为知之，不知为不知，是知也。"这句话的意思是：知道就知道，不知道就不知道，这才是真正的明智。孔子说："多闻阙疑，慎言其余，则寡尤；多见阙殆，慎行其余，则寡悔。"意思是：要多听，有怀疑的地方先放在一旁不说，其余有把握的，也要谨慎地说出来，这样就可以少犯错误；要多看，有怀疑的地方先放在一旁不做，其余有握的，也要谨慎地去做，就能减少后悔。孔子主张"毋意，毋必，毋固，毋我"，看问题不凭空臆测，不武断绝对，不固执拘泥，不自以为是。这些都体现了实事求是的学习态度，在师范教育中具有重要意义。

综上分析，孔子的师范教育思想中非常重视道德教育，认为"礼"是道德规范，"仁"是最高道德准则；"礼"是"仁"的形式，"仁"是"礼"的内容。因而孔子强调学校教育必须将道德教育放在首要地位，他提出要运用树立志向、克己、践履躬行、内省、勇于改过等方法，培养从政的君子，而君子必须具有较高的道德品质修养。"学而知之"是孔子师范教学思想的主导内容，孔子在中国历史上最早提出人的天赋素质相近，个性差异主要是因为后天教育与社会环境影响的观点。因而在教学方法上要求教师具有"有教无类""经邦济世"的教育观，以及"因材施教""启发式"的方法论，注重童蒙、启蒙教育。一方面，他提倡"有教无类"，创办私学，广招学生，把受教育的范围扩大到平民百姓。在主张不耻下问、虚心好学的同时，他强调学习与思考相结合，同时还必须"学以致用"，将学到的知识运用于社会实践。另一方面，他最早提出启发式教学，主张教育学生要有实事求是的学习态度，要谦虚好学、时常复习学过的知识，以便"温故而知新"，新知识引申、拓宽、深入，"举一而反三"。他又是在教学实践中最早采用因材施教方法的教育家，在了解和熟悉学生的个性特征的基础上，根据各个学生的具体情况，采取不同的教育方法，培养出德行、言语、政事、文学等多方面的人才。孔子热爱教育事业，是中国古代教师的光辉典型，他不但培养了众多学生，而且他在实践基础上提出的教育学说，为中国古代师范教育奠定了理论基础。

拓展阅读

[1] 沈灌群，毛礼锐. 中国教育家评传 [M]. 上海：上海教育出版社，1988.

[2] 吴芳. 中华教育家思想研究 [M]. 武汉：武汉大学出版社，1992.

[3] 孙培青. 中国教育史 [M]. 上海：华东师范大学出版社，1992.

[4] 舒大刚. 孔子的智慧 [M]. 北京：中央编译出版社，2008.

[5] 杨柱. 孔子教育思想与当代教育发展 [M]. 成都：西南交通大学出版社，2008.

[6] 周玉衡. 传统文化与教师教育 [M]. 上海：复旦大学出版社，2013.

[7] 蔡尚思. 孔子思想体系 [M]. 上海：上海人民出版社，1982.

[8] 彭南安. 孔子教育思想论 [M]. 重庆：西南师范大学出版社，2016.

[9] 韩星. 走进孔子：孔子思想的体系、命运与价值 [M]. 福州：福建教育出版社，2017.

第二章
孟子师范教育思想

　　孟子（公元前372年—公元前289年），名轲，字子舆，战国时期邹（今山东邹城）人，孟子为鲁国贵族孟孙氏之后裔，其父早逝，其母一心教子成人。据说孟母曾三迁其居，从墓地之侧到市场之旁，最后定居于学校之邻，使孟轲从小耳濡目染，受到传统礼仪的熏陶，连游戏也爱玩"设俎豆，揖让进退"。据记载，孟母曾割断织机上正在织的布，来教诫孟子矢志向前、绝不松懈。这就是历史上广为流传的"孟母三迁"和"断杼教子"的故事。

　　孟子是我国古代伟大的思想家、政治家、教育家，战国时期儒家代表人物之一，继孔子之后的集大成者。孟子继承并发扬了孔子的思想，成为仅次于孔子的一代儒家宗师，世称"亚圣"，与孔子并称为"孔孟"。孟子比孔子晚出生179年，据《史记》记载，孟子受业于孔子之孙子思的门人。孟子中年曾效仿孔子"知其不可为而为之"的精神，率领弟子门徒游说各国，先后游历齐、宋、滕、魏、鲁等国。在齐国的时候，孟子来到稷下学宫讲学，被尊为稷下先生而留居于学宫，并在此收徒、任教。在公元前312年，孟子62岁时，齐宣王伐燕，孟子进谏，遭到拒绝。此后孟子回到邹地，专门从事教育、著述和讲学。孟子所教诲的弟子中比较有名的有万章、公孙丑、乐正子、公都子、孟仲子等。孟子退隐后与弟子共同编著的《孟子》一书，属语录体散文集，是孟子的言论汇编，记录了孟子的思想、语言及其政治观点，其中包括仁政、非攻、兼爱、反对战争、主张和平等主要思想，同时也记载了孟子的师范教育活动。

　　孟子一生的经历与孔子相似，长期进行私人讲学，中年以后怀着政治抱负，带领学生周游列国。随从的学生最盛的时候，是"后车数十乘，从者数百人"。他受到当权人物的款待，但他的政治主张却不被接受。孟子晚年回到故乡，从事教育和著述，整理《经》《书经》，阐发孔子的思想学说，著述《孟子》一书。孟子一生热爱教育工作，认为"得天下英才教育之"是人生三大乐趣之一。

一、君子教育的教师目标观

孟子曰:"设为庠序学校以教之。庠者,养也;校者,教也;序者,射也。夏曰校,殷曰序,周曰庠;学则三代共之,皆所以明人伦也。人伦明于上,小民亲于下。"这句话表达了"明人伦"的教育目的,同时,孟子也提出"大丈夫"的理想人格,通过探求和扩充人固有的善性,不断学习和提升道德修养,"居天下之广居,立天下之正位,行天下之大道。得志,与民由之;不得志,独行其道。富贵不能淫,贫贱不能移,威武不能屈,此之谓大丈夫"。孟子的教育目标是使学生成为有道德修养的君子,成为大丈夫,成为"尧舜"一样的人。

孟子认为"富而后教",即人民富裕了,就要求学习讲求礼义,就必须办学校兴教育。所谓"明人伦",就是"父子有亲,君臣有义,夫妇有别,长幼有序,朋友有信",建立了一个道德规范体系"五常",即仁义礼智信:仁,事父母;义,从长兄;智,明白以上两者的道理并坚持下去;礼,孝悌在礼节上的表现;信,老老实实地去做。

教育内容是为教育目的服务的。从"明人伦"和培养"君子"的教育目的出发,首当其冲就是要以伦理道德教育为基础。孟子认为,既富而教,修"孝悌忠信",这是国家安定、天下太平最根本的事情。孟子曰:"亲亲,仁也;敬长,义也。无他,达之天下也。"仁义是一个人乃至一个社会追求和提倡的目标,但这一目标的追求是有次序的,比如爱父母会多过兄弟,爱兄弟会多过朋友,爱朋友会多过爱你不认识的人。亲亲是仁爱的源头,敬长是义的源头。所以做到仁义要从孝敬父母、尊敬兄长开始,进而推衍到整个社会。在人民安居乐业的前提下,对他们进行伦理道德的教育。"老吾老,以及人之老;幼吾幼,以及人之幼"是孟子向齐宣王宣传王道时讲的,这句话强调的是要把尊敬爱护自己亲人的感情推及他人,对所有的人都要奉献爱心。这实际上就是儒家所提倡的"仁",这是一种推己及人的做法。

案例阅读

孟子和齐宣王

战国时期,有一次,齐宣王和孟子在谈话。齐宣王对孟子说:"您是有学问的人,能不能给我讲讲齐桓公、晋文公当年称霸的事情呢?"孟子笑了笑回答说:"我也未听说过呀,您要想听,就让我讲讲以德服天下的王道吧!"齐宣王点了点头说:"好的,那就请您讲讲吧。"孟子说:"其实这也并不很难,只要从爱护老百姓出发,就没有人可以阻挡得了。"齐宣王很好奇地问道:"您看像我这样,能做到爱护老百姓吗?""能,因为我听说过关于您的一件事。"孟子回答说。孟子看了看齐宣王,接着又认真地说:"我听说有次大王坐在殿堂上,见有人牵着一头牛走过,您一打听,知道这是要送到屠宰场去,用它的血祭钟的。您就让人把它放了,用一只羊去顶替。有这回事吗?""有这回事。"齐宣王肯定地说。孟子说:"有这样的善心,就足够可以征服天下了。百姓以为您是吝啬,其实,我知道您是出于不忍心啊!"齐宣王说:"是呀,齐国再小,我也不至于吝惜一头牛呀,我是不忍心看着那牛瑟瑟发抖的样子,所以才让用羊去代替的。""老百姓的想法也是能理解的,羊也是生命呀,那和牛又有什么区别呢?"孟子分析说。齐宣王笑了起来:"是呀,这是什么心理呢!看来老百姓说我吝啬也是理所当然的了。"孟子说:"其实这正是仁心的体现。您见到了牛,并没见到羊。看到牛活着,就不愿意见到它被宰杀;听到它哀鸣,就不愿意再吃它的肉了,所以君子总是远离庖厨的。"听到这里,齐宣王很高兴。他兴奋地说:"先生说出了我的心思,我很高兴。不过,我的善心能与这王道相合,又是什么道理呢?"见齐宣王很愿意听,孟子就展开了,他打了一些比方,又举了例子,然后说道:"现在您的恩惠能施舍到禽兽的身上,却没有施加到老百姓的身上,关键是没有去做呀!"分析一番后,孟子接着说道:"老吾老,以及人之老;幼吾幼,以及人之幼,天下可运于掌。"这句话的意思是说,尊敬自己的长辈,从而推广到尊敬别人的长辈;爱护自己的小孩,从而推广到爱护别人的小孩。有了这样的心思,治理天下就会像在手掌中运转东西一样那么容易了。

二、明善端的师范教育作用

孟子虽然认为仁、义、礼、智等是"我固有之",但必须通过教育和修养"反求诸己""反躬自问""存心养性",做到知仁、知义、知礼、有智。他说:"学问之道无他,求其放心而已矣。""尽其心者,知其性也。知其性,则知天矣。"孟子的"性善论"是一种有限定的"性善论",它强调了善的社会习得和对教育的依赖。

关于师范教育的社会作用,孟子说:"仁言不如仁声之入人深也,善政不如善教之得民也。善政,民畏之;善教,民爱之。善政得民财,善教得民心。""得民心"是孟子"仁政"思想体系中的主旨和核心。孟子主张先富而后教,人民富裕了,就要着力办好各级学校,人民也就能够遵从君主的政令,就可以"得民心"而"王天下"了。法家重政令法治,儒家重教育德治。政令以法治治人,教育以德治治心。治人人畏,治心心服。另外,孟子认为重视师范教育的社会作用,不能忽视环境的影响。孟子曰:"富岁,子弟多赖;凶岁,子弟多暴。"意思是说,丰收年景,年青子弟多懒惰;灾荒年头,年青子弟的行为多行强暴。孟子认为,他们的不同特性并不是天生的,而是环境影响使然。因此,法治是不得已而为之,德治才是根本所在。

三、教师教学的五种方法观

孟子既注重师范教育工作，又重视教育教学方法。孟子说："君子之所以教者五：有如时雨化之者，有成德者，有达财者，有答问者，有私淑艾者。此五者，君子之所以教也。"就是说，君子教育的方法有五种：有像及时雨润化的，有帮助养成品德的，有帮助发展才能的，有帮助解答疑问的，有靠品德学问使人私下受到教诲的，这就是君子施行教育的方法。他认为"予不屑之教诲也者，是亦教诲之而已矣"，即拒绝教诲，足以成为人的警策，事实上也成为一种教导。归纳来看，孟子的师范教育思想主要有以下特点。

（一）教师要注重因材施教，深入浅出

孟子强调对不同情形的学生采取不同的教法，他根据学生不同的特点提出五种因材施教的方法，即对那些卓越的学生，只要稍加指点，就会达到春风化雨的结果；对有志于道德修养的人，想办法加以熏陶；对有志于增长才能的人，善于指导使其全面发展；对一般学生，要善于回答学生问题，解除其疑惑；对因条件限制而不能跟大家一起学习的弟子，进行私下个别辅导和教诲，使其有较大提高。由此可见，孟子的教育方法是相当灵活的。关于因材施教的作用，他认为，教师如果不考虑学生的接受能力，就不能使学生安心乐学，不照顾到学生的内心要求，就不能使学生竭尽其诚以为学，因此他要求教师应做到：一要知道教学内容的深浅之别，二要知道学习者的才资差别。高明的教师，总是以学生为主的，总是能够根据主体方面的各种情况，包括教育对象的不同性格、禀赋、气质、兴趣、爱好和不同的学习方式和要求，采取灵活多样的、相宜的教学方法，达到预期的教学目的。

贯彻因材施教原则要求做到：教师对学生的一般知识水平、接受能力、学习风气、学习态度、兴趣爱好、知识储备、智力水平，以及思想、身体等方面的特点要充分了解。教师从学生的从实际出发，考虑到学生的个性特点，有针对性地开展师范教学，使教学的深度、广度、进度适合学生的知识水平和接受能力。教学中既要把主要精力放在面向集体教学上，又要善于兼顾个别学生，使每个学生都得到相应的发展。针对学生的个性特点，需要提出不同的要求，分别设计针对不同个性特点的学生的最优方案，从而使每个人的才能品行都得到发展。因而，借鉴孟子的师范教育艺术，需要教育工作者进行大量的、艰苦细致的工作。要研究学生的不同情况——不同于他人的先天素质和生活环境，不同于他人的爱好、特长、不足，不同于他人的学习成绩、生理特点、兴趣爱好，还需要关注和理解学生的个性发展需求，尊重认同学生的个性化价值取向，了解学生的想法和要求，因材施教、和谐育人。

教育是科学更是艺术，教育的生机在于创新，孟子曾说"教亦多术矣"，

"不屑于教"就是一种教育科学、教育艺术。他认为，教师需要不断地创新方法，因时因事进行创新。不从正面教诲，不从正面讲道理，而从反面或侧面激发学生自尊心，是创新的准则。在正面教导无果或效果不佳的情况下，适时合理采用"不屑于教"的教育方法，让学生感觉到因为自己的原因，教师疏远了自己，只有改变自己才能得到教师的关注。这样激发学生的求知欲望，让学生更加积极主动地求知，从而达到了优化教学效果的目的。

在具体的教育中，孟子主张用简单的比喻来进行深入浅出的阐明。《孟子·梁惠王上》中记载：戴盈之曰："什一，去关市之征，今兹未能，请轻之，以待来年，然后已，何如？"孟子曰："今有人日攘其邻之鸡者。或告之曰：'是非君子之道。'曰：'请损之，月攘一鸡，以待来年，然后已。'如知其非义，斯速已矣，何待来年？"说的是，孟子曾经用"每天偷一只鸡改为每月偷一只鸡"的比喻，来揭示不必立即改正错误观点的荒谬。再如，孟子还用"五十步笑百步"的比喻，来揭露文过饰非的错误。

孟子在诸侯国游说时，也时常使用类比的方法。孟子对齐宣王说："挟太山以超北海，语人曰'我不能'，是诚不能也。为长者折枝，语人曰'我不能'，是不为也，非不能也。"说的是他对齐宣王解释"不能"和"不为"的区别。如果让一个人挟持泰山以跨越北海，他对别人说"我不能"，这果真是不能做到的。如果让一个人替长者折下一段树枝，他却对人说"我不能"，其实是不去干，而不是不能干。通过这个比喻，孟子说明齐宣王之所以不行仁政而成就王业，并不是像挟持泰山以越过北海那样的做不到，而是像不替长者折枝那样的不愿去做。在《孟子》一书中，这种生动形象的比喻较多。由此可见，孟子在教育教学过程中非常重视用深入浅出的方式，说明抽象而深奥的道理。

（二）教师要求学生专心致志，持之以恒

在学生的学习态度上，孟子认为学生学习必须专心致志，不能三心二意。他曾经用围棋国手弈秋教人下棋来阐述这方面的道理。《孟子·告子上》中记载：孟子曰："今夫弈之为数，小数也；不专心致志，则不得也。弈秋，通国之善弈者也。使弈秋诲二人弈，其一人专心致志，惟弈秋之为听；一人虽听之，一心以为有鸿鹄将至，思援弓缴而射之。虽与之俱学，弗若之矣。为是其智弗若与？曰：非然也。"意思是说，当时弈秋是全国公认的最善于弈棋的高手。有一次，弈秋教两人下棋。其中一人能专心致志认真听取弈秋的教诲，另一个人虽然也在听讲，却一心想着有鸿鹄飞来，只考虑如何拿弓缴一类的东西将其射下来。这两个虽然同时跟着弈秋学习，但效果差别很大。同样是学习，后者必不如前者。这难道是智力的差别吗？显然不是，而孟子认为学生在学习上的差异，正是能否专心致志学习的结果。除了专心致志以外，孟子还认为在学习中要有坚强的意志，要有持之以恒的精神。孟子认为，"虽有天下易生之物也，一日暴之，十日寒之,未有能生者也。"意思是说,虽然天下有许多容易生长的植物,但若一曝十寒地对待,那么这些植物也是不会生长的。学习也是同样的道理,如果只凭心血来潮而学一阵子,却不能持之以恒地坚持下去,那也是不会有好结果的。要想学习卓有成效,必须持之以恒,决不可功亏一篑、半途而废。对于这种持之以恒的学习精神,孟子曾用涌腾不息的泉水加以说明,《孟子·离娄下》中记载:徐子曰:"仲尼亟称于水,曰:'水哉!水哉!'何取于水也?"孟子曰:"源泉混混,不舍昼夜,盈科而后进,放乎四海;有本者如是,是之取尔。苟为无本,七八月之间雨集,沟浍皆盈;其涸也,可立而待也。故声闻过情,君子耻之。"意思是说,有本源的泉水,昼夜不停地奔腾流淌,遇到了坑洼之处,就把它灌满之后再继续向前奔流,这样经过了一个又一个阶段的奔流,泉水才能注入大海。孟子说"流水之为物也,不盈科不行;君子之志于道也,不成章不达",意思是说,像流水这样的事物,如果它不注满所流经的坑洼之处,那它就不能再继续前进;如果有学问的人有志于求取道理,那他就应当循序渐进。

在学生的学习方法上,孟子主张发挥学习者的主观能动性,认为"君子深造之以道,欲其自得之也。自得之,则居之安;居之安,则资之深;资之深,则取之左右逢其源。故君子欲其自得之也",意思是说:君子遵循一定的方法来加深造诣,是希望自己有所收获。自己有所收获,就能够掌握牢固;掌握得牢固,就能够积累深厚;积累得深厚,用起来就能够左右逢源。所以,君子总是希望自己有所收获。所以,在学习方法问题上,孟子强调将个人的主观努力和外在条件两者结合在一起,只不过更加注重主观能动作用的发挥。

(三) 教师需循循善诱,耐心教诲

孟子不仅强调教学过程中学生的能动作用,而且重视教师的循循善诱、耐心教诲,认为对学生的严格要求是取得教学成功的关键。孟子曰:"大匠不为拙工改废绳墨,羿不为拙射变其彀率,君子引而不发,跃如也。中道而立,能者从之。"意思是说,高明的工匠不因为拙劣的工人而改变或者废弃规矩,后羿绝不因为拙劣的射手而改变拉弓的标准。君子张满了弓而不发箭,只做出要射的样子。他恰到好处地做出样子,有能力学习的人便跟着他做。孟子认为无论学生的基础水平如何,都要按既定的标准来教导,而不应该放松要求。孟子说:"由射于百步之外也,其至,尔力也;其中,非尔力也。"这句话意思是靠力气可以把箭射到百步以外,但若使射中靶子不是单凭你的气力就可以做到的,而必须靠射箭的技巧。这种技巧也就需要教师的耐心教导和学生的反复练习。孟子曰:"言近而指远者,善言也;守约而施博者,善道也;君子之言也,不下带而道存焉;君子之守,修其身而天下平。"这句话意思是,言语浅近而含义深远,这是善言;把握住的十分简要,而施行时效用广大,这是善道。君子所说的,虽然是眼前近事,而道却蕴含在其中;君子所把握住的,是修养自己,却能使天下太平。

孟子认为，应当采取由近及远的方法，循循善诱地向学生讲述具体而生动的事物，让学生懂得道理。教师讲述的内容是博深的，且要学会教育学生，就如孟子所说"博学而详说之，将以反说约也"。博学而通达，正是孟子对教师在学问知识方面的要求。

（四）教师要求学生持志养气，知耻改过

孟子非常重视学生的道德教育，强调道德教育可以培养出君子。孟子师范教育思想的哲学基础在于"性善论"，他认为人的仁义礼智，是天生所具有的，也就是孟子所认为的"性"。进而孟子曰："恻隐之心，人皆有之；羞恶之心，人皆有之；恭敬之心，人皆有之；是非之心，人皆有之。恻隐之心，仁也；羞恶之心，义也；恭敬之心，礼也；是非之心，智也。仁义礼智，非由外铄我也，我固有之也，弗思耳矣。"这就是孟子的"四心说"，恻隐之心、羞恶之心、恭敬之心、是非之心是每个人都有的，而这四心就是仁义礼智。如果没有这四心，人便不算是人了。"无恻隐之心，非人也；无羞恶之心，非人也；无辞让之心，非人也；无是非之心，非人也。恻隐之心，仁之端也；羞恶之心，义之端也；辞让之心，礼之端也；是非之心，智之端也。"所以，仁义礼智虽是每个人都所固有的，却需要去探求，一经探求，便会得到；一旦放弃，便会失去。人与人之间之所以相差甚大，就是因为有的人能够充分发挥自己人性的本质，而有的人却不能。孟子曰："乃若其情，则可以为善矣，乃所谓善也。若夫为不善，非才之罪也。"这些所固有的品质，可以使人为善，这便是孟子认为人生来就善良的原因，即"人之初，性本善"。

为了培养这种浩然之气，孟子认为必须经过艰苦环境的磨炼才会具有刚毅的、坚韧不拔的意志。他认为，"故天将降大任于斯人也，必先苦其心志，劳其筋骨，饿其体肤，空乏其身，行拂乱其所为，所以动心忍性，曾益其所不能"。意思就是人的聪明才智得之于艰苦的磨炼，环境越是恶劣，对人的造就可能越大。同时列举舜、傅说、管仲、孙叔敖、百里奚等杰出人物的坎坷经历进行说明。并提出，"大丈夫"的标准是"富贵不能淫，贫贱不能移，威武不能屈"，这就是人的道德标准和精神境界。

孟子曰："爱人不亲，反其仁；治人不治，反其智；礼人不答，反其敬。行有不得者，皆反求诸己，其身正而天下归之。"意思是：关爱别人，别人却不亲近，你就应该反省自己的真爱够不够；管理别人却没有管好，就应该反省自己的才智够不够；待人以礼却得不到礼貌的回答，就应该反省自己够不够恭敬。任何行为如果没有取得应有的效果，都应该反过来从自己身上找原因，只要自己行为端正，天下人自然都会归向你。总之，凡事须严于律己，时时反思。

（五）教师需注重学生的学习环境

孟子曰："居移气，养移体，大哉居乎！"这句话的意思是说，环境改变气度，营养改变体质，环境多么重要啊！同样播种大麦，由于"地有肥硗、雨露之养，人事之不齐"，最后结果也就有所差别。孟子曰："一齐人傅之，众楚人咻之，虽日挞而求其齐也，不可得矣；引而置之庄岳之间数年，虽日挞而求其楚，亦不可得矣。"孟子说："一个齐国人来教他说齐国话，很多楚国人干扰他，即使每天鞭打他要他说齐国话，也是不可能的。假如带他在庄、岳闹市区住上几年，那么即使每天鞭打他要他说楚国话，也是不可能的。"由此可以看出，孟子认为环境能改变人的习性，教师在带领学生学习时，需要具备合适的环境，才能让教学达到预期的效果。

孟子在师范教育思想上，继承和发展了孔子的"有教无类"思想，把全民教育当作实行仁政的手段和目的。一方面，主张"设为庠序学校以教之"，加强学校教育；另一方面，要求当政者身体力行，率先垂范。"君仁，莫不仁；君义，莫不义；君正，莫不正。"试图以榜样的力量，来教化百姓，使百姓"明人伦"，以建立一个"人伦明于上，小民亲于下"的和谐融洽的理想社会。在教育教学上，他不仅授徒讲学，还培养出了乐正子、公孙丑、万章等优秀学生。在教育方法上，继承和发展了"因材施教"，认为在进行教育时，必须采取因人而异的多种方法，提出教育学生必须有一定的标准，使学生有一个明确的奋斗目标。孟子所倡导的学习方法和教育方法是中国古代教育学的结晶，对今天的师范教育仍然有一定的参考价值。

拓展阅读

[1] 沈灌群，毛礼锐. 中国教育家评传 [M]. 上海：上海教育出版社，1988.
[2] 吴芳. 中华教育家思想研究 [M]. 武汉：武汉大学出版社，1992.
[3] 孙培青. 中国教育史 [M]. 上海：华东师范大学出版社，1992.
[4] 巨天中，李放. 孟子智慧今说 [M]. 北京：民主与建设出版社，2009.
[5] 周玉衡. 传统文化与教师教育 [M]. 上海：复旦大学出版社，2013.
[6] 吕红梅. 孟子及《孟子》思想探微 [M]. 北京：知识产权出版社，2015.
[7] 方勇. 孟子 [M]. 北京：中华书局，2018.
[8] 杨伯峻. 孟子译注 [M]. 上海：中华书局，2019.
[9] 徐克谦，寇志强，曾业桃. 孟子导读 [M]. 北京：高等教育出版社，2020.

第三章
荀子师范教育思想

荀子（公元前313年—公元前238年），名况，尊号荀卿，世人尊称其为荀子，战国末期赵国人。他是中国古代著名的教育家、思想家和文学家。荀子在青少年时期刻苦学习、饱读经书。十五岁周游齐国，在齐国学馆读书、讲学，研读诸子百家学说。荀子四处游说，虽然满怀赤子之心，但得不到各国君主赏识，反而遭到各种冷嘲热讽。晚年体弱多病无力周游列国，就留在兰陵著书讲学，公元前238年逝世，葬于兰陵。

荀子的著作反映了古代朴素的唯物主义思想，其弟子以李斯和韩非最为著名。《劝学》云："学不可以已。青，取之于蓝，而胜于蓝；冰，水为之，而寒于水。"集中论述了学习的重要性。他认为，只有博学才能"知助而无过"。同时，他指出，学习必须理论联系实际，学以致用，态度要精诚专一，持之以恒。他非常注重教师在教学中的地位和作用，认为国家兴旺就必须重视教师，同时也对教师提出了严格要求，认为教师若不给学生做出榜样，学生是不可能亲自实践的。

荀子自称为儒，时人也称他为儒，荀子这一派儒者也自称是孔丘的真正传人，实际上荀子却没有成为嫡传。荀子的王霸统一政治思想，自汉代以后始终对中国古代封建社会产生着实际影响，尤其是在儒家经典的传授方面，从学术发展史上看，具有极其重要的地位。

一、正视教师的地位与标准

（一）隆师亲友

荀子在其教育理论中，竭力提倡尊师。"国将兴，必贵师重傅，贵师而重傅则法度存；国将亡，必贱师而轻傅，贱师而以傅则人有快，人有快则法度坏。"荀子从历史经验出发，强调统治者要把重视尊师作为治国之本，认为国家的兴盛要靠人才，人才的培养要靠教育，教育要靠教师，故荀子曰："今人之性恶，必将待法然后正，得礼义然后治。"教师是传播礼义法政的主体，能够参与国家的治理，理应得到人们的尊崇，并应与天地、祖宗、国君处于同等重要的地位。荀子曰："今人无师法，则偏险而不正；无礼义，则悖乱而不治。"就是说，没有教师的教导，我们会毫无节制，没有教师的引导，我们会危害社会。所以，人人都要重视教师，听从教师的教导。荀子又认为："心不使焉，则黑白在前目不见，雷鼓在侧耳不闻。"这是在鼓励学生下定决心排除外界干扰，悉心听取教师的教诲。

荀子认为，教师不仅要学问渊博，而且要德高望重。荀子曰："学莫便乎近其人。学之经莫速乎好其人，隆礼次之。"就是学生应近其师、好其人、虚心向教师请教，从教师那里得到授点，缩短学业进程，而非盲目地隆礼或对教师敬而远之。他这样说道："人无师无法而知，则必为盗；……人有师有法而知，则速通。"意思是学生都应主动接近那些在人格和学识方面渊博的贤儒。《荀子·性恶》曰："夫人虽有性质美而心辩知，必将求贤师而事之，择良友而友之。"荀子曰："礼者，所以正身也；师者，所以正礼也。无礼何以正身？无师，吾安知礼之为是也？礼然而然，则是情安礼也；师云而云，则是知若师也。情安礼，知若师，则是圣人也。故非礼，是无法也；非师，是无师也。不是师法而好自用，譬之是犹以盲辨色，以聋辨声也，舍乱妄无为也。故学也者，礼法也。夫师，以身为正仪而贵自安者也。"正如："不识不知，顺帝之则。此之谓也。"因此，"礼法"是纠正一个人思想行为的标准，而教师是传授"礼"和实行"礼"的榜样，只有教师的教和以身作则，才能把"礼法"传授给学生。所以"学莫便乎近其人"。为学好知识必须接近贤师，仰承师训。

荀子认为在教学中，教师起着决定性的作用，"故有师法者，人之大宝也；无师无法者，人之大殃也。人无师法，则隆性也；有师法，则隆积也"。认为得到教师的教育，努力学习法度，人就会获取巨大的精神财富；得不到教师的教育，不去学习法度，人就会遭受深重的灾难。人没有教师的教育，又不学习法度，就会放任自己的恶性；有教师教育，又努力学习法度，就会不断积聚好的品德和才能。荀子曰："求贤师而事之，择良友而友之。"这就是"隆师亲友"。他认为："非我而当者，吾师也；是我而当者，吾友也；谄谀我者，吾贼也。故君子隆师而亲友，以致恶其贼。"意思就是：批评我而所言恰当的人，是我的教师；赞誉我而所言恰当的人，是我的朋友；献媚阿谀我的人，是害我的逸贼。因而君子尊崇教师而亲近朋友，对于逸贼则深恶痛绝。

（二）天地君亲师

荀子不仅在教学过程中强调教师的重要作用，而且在政治上把教师的地位提到与天地并列、与君亲并称的最高层次。荀子认为："天地者，生之本也；先祖者，类之本也；君师者，治之本也。无天地恶生？无先祖恶出？无君师恶治？"

荀子认为教师参与治理国家是通过施教实现的。荀子曰："人无师无法而知，则必为盗；……人有师有法而知，则速通。"教师是礼义的化身，他们掌握着仁义的准则、先王的规矩，施教是使礼义转化为每个人品质的捷径。有教师的教导，就能积累善，改变自己。从这个意义上说，教师与师法——教育有着治理国家的作用。在荀子的师范教育思想中，始终将教师视为治国之本，把国家兴亡与教师的关系作为一条规律概括起来。

（三）教师的标准

荀子对教师提出很严格的要求，即"师术有四，而博习不与焉，尊严而惮，可以为师；耆艾而信，可以为师；诵说而不陵不犯，可以为师；知微而论，可以为师。故师术有四，而博习不与焉"，意思是：教师除了有渊博学问之外，应具备四个基本条件：一要有尊严的威信，一个人若没有此类令人敬佩和敬重的基本素质，他也是不配当教师的，相反却和"矜庄以莅之，端诚以处之"等教师仪表息息相关；二要有丰富的阅历和崇高的信仰，年高德硕、德高望重才是一名好教师；三要有讲授儒家经典的能力，能够根据教材的内在逻辑，循序渐进，有条有理，不凌不乱，也就是说，教师必须讲课思路清晰才能使学生循序渐进听得明白，反之，如果教师违反常理不按学生实际的接受能力实施教学，他就不是好教师，甚至可能成为一个狂徒而被人口诛笔伐。所以教师应加强语言基本功的训练，如在语言技术、语言技巧和语言艺术等方面多下功夫；四要能钻研和精通教材，并且善于阐发微言大义，而不是记问之学，因而荀子认为，教师要"准确体会礼法的精微道理而又能中肯地加以阐发"，确实需要一些精微的论辩能力。

二、师范教育化性起伪之用

（一）政教习俗，相顺而后行

荀子曰："政教习俗，相顺而后行。"即政治、社会与教育（或学校）的正确关系应该是统一相顺的，在相顺的情况下，才能实现教育的最大作用。荀子认为，人能成为禹，是环境、教育和个体努力共同作用的结果，只要寻求政治、教育、环境和个体之间的协调与有序，人的成就就是可能的了。基于此，"天下无君，诸侯有能德明威积，海内之民莫不愿得以为君师"，就是说德明的君主作为楷模，就应注意完善自身。从某种意义上说，荀子认为政治、教育、社会三者是有机联系在一起的。

（二）化性起伪，长迁于善

荀子认为，"涂之人可以为禹"只是存在可能性而已，事实上，"涂之人能为禹则未必然也"，因为现实中大量存在着"小人可以为君子，而不肯为君子的"的现象。从可能到现实，须发挥教育的作用，即"化性起伪"。只要有学习和教育，还有什么阻止人改变自己呢？

"化性起伪"，使"涂之人能为禹"成为必然，其间也必须注意诸多条件，即环境、教育，以及个体主观能动性的发挥。荀子认为，"蓬生麻中，不扶而直；白沙在涅，与之俱黑"，就是说人应当注意环境的选择。教育的作用则显得更主动，它是依据一定的规矩对人加以改变的过程，也就是类似木工使"枸木"变直的过程。而个体的努力，荀子称之为"积"，不断注意累积知识和道德，使"习俗移志，安久移质"，从量变到质变，使人的才能和性格"长迁于善""长迁而不返其初"，最终达到"则化矣"的目的。

三、培养礼法知行合一儒师

（一）培养"礼""法"兼并"大儒"

荀子认为，师范教育的目的在于培养"礼""法"兼并的"大儒"。《荀子·劝学》云："学恶乎始？恶乎终？曰：其数则始乎诵经，终乎读礼；其义则始乎为士，终乎为圣人。"《荀子·儒效》曰："我欲贱而贵，愚而智，贫而富，可乎？曰：其唯学乎。彼学者，行之，曰士也；敦慕焉，君子也；知之，圣人也。上为圣人，下为士君子，孰禁我哉！"荀子认为，儒者分为三个层次，即俗儒、雅儒和大儒。俗儒徒然学得儒者的外表，但对"先王"之道，对《诗》《书》礼义仅会教条诵读，全然不知其用，而且还会谄谀当权者，人格低下；雅儒的言行已能合礼义《诗》《书》的精神，他们不谈"先王"，懂得取法"后王"，他们虽然也在"法典"所未载和自己所未见的问题面前拙于对策，却能承认无知，不自欺欺人，显得光明而坦荡，他们能使"千乘之国安"；大儒是最理想的，"以一持万"，以已知推未知，自如应对新事物、新问题等，自如地治理好国家。显然，教育应当以"大儒"为理想目标。

基于此，一方面，荀子非常重视文化知识的学习，如提出"善假于物"，就是指人善于借助知识来丰富人自身。另一方面，荀子也重视古代经典的学习，尤其是儒家经典的传播。荀子注重读经，以儒经为学习与教育的内容。他说："学恶乎始？恶乎终？曰：其数则始乎诵经，终乎读礼。"清人汪中经考证在《荀卿子通论》一书中说："荀卿之学，出于孔氏，而尤有功于诸经。……盖自七十二子之徒既殁，汉诸儒未兴，中更战国暴秦之乱，六艺之传赖以不绝者，荀卿也。"可见，荀子精通儒经，秦汉之际儒生所学儒经，大都传自荀子。荀子认为，各经自有不同的教育作用。"故《书》者，政事之纪也；《诗》者，中声之所止也；《礼》者，法之大分，类之纲纪也。故学至乎《礼》而止矣。夫是之谓道德之极。《礼》之敬文也，《乐》之中和也，《诗》《书》之博也，《春秋》之微也，在天地之间者毕矣。"在诸经中，《礼》最重，以之为自然和社会的最高法则。

（二）培养德才兼备、言行并重人才

荀子以为，教育培养各类人才，要依据德才兼备、言行并重的标准。其中，"德"，即忠于君主，又保持自身的独立人格；办事公正，清楚是非；不追求物欲的满足。"才"，是指能运用礼法，自如地治国。选才的标准："口能言之，身能行之，国宝也；口不能言，身能行之，国器也；口能言之，身不能行，国用也；口善言，身行恶，国妖也。治国者敬其宝，爱其器，任其用，除其妖。"

四、闻见知行教师教学方法

荀子认为学习是阶段性与过程性的统一，学习必然是由初级阶段向高级阶段发展的。例如，荀子曰："不闻不若闻之，闻之不若见之，见之不若知之，知之不若行之。学至于行之而止矣。行之，明也；明之为圣人。圣人也者，本仁义，当是非，齐言行，不失豪厘，无他道焉，已乎行之矣。故闻之而不见，虽博必谬；见之而不知，虽识必妄；知之而不行，虽敦必困。不闻不见，则虽当，非仁也。其道百举而百陷也。"

首先，闻、见是学习的起点、基础，也是知识的来源。人的学习通过耳、目、鼻、口、形等感官对外物的接触，形成不同的感觉，使进一步的学习活动成为可能，故云："闻见之所未至，则知不能类也。"但是，闻、见只能分别反映事物的一个方面，无法把握事物的整体与规律。

其次，知的阶段实际上是思维的过程。荀子说："知通统类，如是则可谓大儒矣。"学习而善于运用思维的功能，来把握事物的规律，就能自如地应对各种新事物。这实际上是一个由感性认识到理性认识的过程。然而，有广博的知识不是终结，还存在更高水平的"知道"，即"行"。

最后，行是学习必不可少的也是最高的阶段。荀子说："君子之学也，入乎耳，箸乎心，布乎四体，形乎动静。"在他看来，由学、思而得的知识还带有假设的成分，是否切实可靠，唯有通过"行"才能得到验证，只有这样，"知"才能称得上"明"。这是教与学不可违背的"法则"。

上述分析表明，荀子特别强调教师的作用，提高教师的地位，反映新兴地主阶级的要求；在《荀子·修身》中他主张"非我而当者，吾师也；是我而当者，吾友也；谄谀我者，吾贼也"。他认为，学生应比教师强，可以胜过教师，即"青，取之于蓝，而胜于蓝；冰，水为之，而寒于水"。从教育本身的发展要求来说，这是具有积极意义的。当然，荀子主张"师云亦云"，这种对教师绝对服从的观点是不值得推崇的。

拓展阅读▶

[1] 沈灌群，毛礼锐. 中国教育家评传 [M]. 上海：上海教育出版社，1988.

［2］吴芳. 中华教育家思想研究［M］. 武汉：武汉大学出版社，1992.
［3］孙培青. 中国教育史［M］. 上海：华东师范大学出版社，1992.
［4］孔繁. 荀子评传［M］. 南京：南京大学出版社，2011.
［5］李桂民. 荀子思想与战国时期的礼学思潮［M］. 北京：中国社会科学出版社，2012.
［6］康香阁，梁涛. 荀子思想研究［M］. 北京：人民出版社，2014.
［7］涂可国，刘廷善. 荀子思想研究［M］. 济南：齐鲁书社，2015.
［8］胡征. 荀子教育思想现代启示录［M］. 太原：山西人民出版社，2020.

第四章
董仲舒师范教育思想

董仲舒（公元前179年—公元前104年），汉代思想家、哲学家、政治家、教育家。公元前179年，董仲舒出生在广川的一个大地主阶级的书香门第。在父亲的督导下，自幼好学，苦读《诗》《书》《论语》《诗经》等儒家经典。《春秋繁露》记载，董仲舒埋头苦读，甚至进入了"三年不窥园"的忘我境界。在青年时，董仲舒拜子寿为师，专攻《公羊春秋》，子寿是当时的公羊派大师，公羊派儒家是由孔子的学生子夏传给公羊高而后自成一派的。董仲舒经过努力，对六经、黄老刑名、阴阳杂家等诸子百家的学说都有了深厚的功底，尤其对《公羊春秋》的"微言大义"揣摩备至，十分精通。他"专精于述古"的博学名气不断扩大，不少士大夫也加以赞许，终于被选任博士。

董仲舒在青年时期就开始招收弟子，从事教学工作。建元元年（公元前140年），董仲舒在向汉武帝进谏的《举贤良对策》中建议："诸不在六艺之科，孔子之术者，皆绝其道，勿使并进。"意思是说，凡是不属于孔子儒道之说的各家都应该禁止，不能使其发展以实现学术思想上的大一统，汉武帝采纳了他的意见，罢黜百家，独尊儒术。汉武帝元朔四年（公元前125年），公孙弘向汉武帝推荐董仲舒担任胶西王刘端的相国。在任时，他谨小慎微，诚惶诚恐，战战兢兢地过了几年，到武帝元狩二年（公元前121年），他五十八岁时，便以年老多病辞去相职。董仲舒回到家乡后，重新收徒讲学和著书立说，认为为官为政的名利只是短暂的，著书立说传之后世才是永恒的。他把多年来给武帝上的谏书，以及多年来阐述儒家经典的文章、讲稿搜集起来，认真审编并增补，共得到一百二十二篇，汇成《春秋繁露》一书，今本可惜只有八十二篇了。这本书系统地宣扬了"天人感应"学说和"三纲五常"等政治思想和封建伦理道德学说，建立了一套新的儒学，备受后世统治者推崇。汉武帝太初元年（公元前104年），董仲舒去世，终年七十五岁。

董仲舒系统地提出了"三大文教政策"，以罢黜百家、独尊儒术为总纲，立儒家学说为正统,把培养通经致用的儒学治术人才作为教育的目的;以开创太学,改革选士制度为具体措施,在京师置太学,将举贤养士之遗风变成自觉的养士行动。以重选举、广取士为方法,"量才而授官,录德而定位",使人才充分发挥作用,从而把儒学发展到一个新阶段,是儒学史上的重要人物,为发展儒学做出了巨大贡献。

一、置明师善为师的教师观

董仲舒十分重视教师的作用。他认为,在提高教学质量和人才培养上,教师占有主要地位。他在向汉武帝奏议设太学以养士的规划中,强调:"兴太学,置明师,以养天下之士,数考问以尽其材,则英俊宜可得矣。"这说明教师对人才培养和兴建学校的重要意义。也就是在建校中,只有设置了"明师",才能使学校成为育人的场所,发挥学校人才培养的作用。董仲舒提出了教师的重要性,从而也就提出了教师的职责,提出作为一个"明师"必须善于对学生勤加了解、观察,才能充分发展学生的才能,把他们培养成贤才。在这里,董仲舒表达了教师的主导作用,强调学生的积极性,以及所应完成的育才任务。

董仲舒在《春秋繁露·玉杯》中对教师提出了全面要求。如"善为师"的问题,"圣化"的教学之方,从而对教师提出了师德、师才等多方面要求。"善为师者,既美其道,有慎其行,齐时早晚,任多少,适疾徐,造而勿趋,稽而勿苦,省其所为而成其所湛,故力不劳而身大成。此之谓圣化,吾取之。"

董仲舒还明确阐述"善为师"的必要条件。首先是"既美其道,又慎其行",是以身作则的原则,要求教师德才兼备,具有人格感化的力量,又能胜任自己的工作。这里的"道"是指封建仁义伦常为人治世之道。董仲舒要求教师必须以封建儒家政治伦理为指导思想,坚持和赞扬"六艺"之道,并以此积极教育年轻一代。他曾讲述:"圣人所欲说,在于说仁义而理之……不然,传于众辞,观于众物,说不急之言而以惑后进者,君子之所甚恶也。"由此教告:"为人师者,可无慎耶!"董仲舒如此要求教师"美道慎行",表明对教师道德的高度重视并要求教师教书与育人。

董种舒论述的"齐时早晚,任多少,适疾徐,造而勿趋,稽而勿苦",说的是及时施教的原则——在实施教学上,既要了解学生,注意学生的学龄,又要掌握他们的心理机制,依据其才能与程度,计划和调剂学生学习的迟早,斟酌其接受能力而授予多少内容,安排好快慢合宜的进度。进展不要使学生太紧张,考查不要使学生苦于接受。这说明教师要能够适时(即及时施教)、适量(即量力而行)和适度(即循序渐进)地进行教学,不能使学生只觉得学习苦和难,不知道学习的乐和益,而应该适意而悠然自得地进行学习。

董仲舒要求教师"省其所为而成其所湛,故力不劳而身大成"。这就是教师因材施教的原则，要求教师在深入观察学生所作所为的基础上，根据心理特点施教，辅导与协助学生完成其所向往的课业。这样就可使学生避免耗费过多的力量而能取得最大的成就。在这里，董仲舒强调了教师的主导性和责任，同时也提出了学生的主动性、积极性。在教学过程中，以教师为主导，教师要了解学生，使师生双方的教与学相协调，各自发挥主观能动性，发扬最大的有效劳动，取得良好的教学效果。

董仲舒提倡"师法"精神，即以宗师所传的儒经为正统的经说与讲法，而不得习从其他学派。如董仲舒传习《春秋》即以公羊传为正统，而不传授其他学派的《春秋》，表现了汉代经学中师弟相承的教育传统特点。"师法"的教育，在当时来说，有着防止滥讲经义的积极作用，起着维系经说的继承性与师生间学术密切关系的作用，但也具有专制性、封闭性和排他性，不利于学术的发展。

二、明六经师范教育内容观

董仲舒认为，只有圣王才有可能"发天意""承天意"，所以，人们学习的内容就应该是圣王制作的诗、书、礼、乐、易、春秋等封建伦理道德等知识，至于自然知识那是不应该学习的。他说："能说鸟兽之类者，非圣人所欲说也。圣人所欲说，在于说仁义而理之。"除了儒家的经典之外，他把所有的学说和知识都排斥在外了，因而他具体地规定儒家的诗、书、礼、易、春秋六经为教材。但他认为，教学儒家的经书，也要有分析地进行，不能平均对待，要"兼其所长""偏举其详"，就是要各取所长，教学其中的精华。他说："六学（经）皆大而各有所长。《诗》道志，故长于质；《礼》制节，故长于文；《乐》咏德，故长于质；《书》著功，故长于事；《易》本天地，故长于数；《春秋》正是非，故长于治人。"他认为，六经各有各的特殊作用，但他最为注重的还是倾注毕生致力的《春秋》。在董仲舒眼里，《春秋》的根本特征是"奉天而法古"，它既是一本"上探天端，正王公之位，万民之所欲。……理往事，正是非"的政治哲学教材，又是一本"道往而明来者也"的历史学课本，还是"为仁义法"的伦理道德课本。他强调教学的教育性，从而为培养封建统治人才，制订了一整套课程计划和教学内容。从教学设置上来说，就是为了达到一定的培养目标，完成一定的教学任务，而规定教材和教学内容，以便有效地进行教学工作。在我国教育历史上，这的确是一种有卓识的见解。显而易见，在教学内容上，完全排除自然科学知识的教学，是失于偏颇而不可取的。

三、强调主观努力的学习观

董仲舒在学习方法上没有系统的论述，但是他强调学习者应该尽主观努力，才会学有所成。

（一）强勉学问，久次相授

学习本身是件艰苦的事，并不是每一项学习内容都令人感兴趣。因此学习需要坚强的意志，应该努力，刻苦钻研，这便是"强勉"。"强勉学问，则闻见博而智益明；强勉行道，则德日起而大有功。"不论是治学还是修德，都需要发挥"强勉"精神。

董仲舒作为名师大儒收徒众多，在其教学工作中，采用一种"弟子传以久次相授业"的方法，这就是使一些学习时间较久而专业程度较高的学生，对那些初来授业或学习时间不长且专业程度尚浅的学生进行教学。让学业有成的学生给教师做助教工作，体现了学生教学实习的意义。当时的教学是师生间个别教学，并且因为缺乏教材主要是口耳相传或者是教师对某一教材讲说大义。如此解经的教学条件与模式，使教师在一定时间内不可能教授众多的学生，同时也没有足够的精力在一日之中连续不断地进行个别教学。由此，推行"弟子传以久次相授业"的师范教育教学办法，解决了董仲舒对投来门下学习的众多弟子的授业问题，这可能导致有的学生是很久见不到教师和亲授师教，学生在一定时期内"或莫见其面"。然而，无论如何，这种使高业弟子传授初来学生的办法，能够发挥教育价值的意义，具有重要的作用。

（二）精思要旨，探明所学

董仲舒要求学习必须进行细致的思考与研讨。首先，思考必须在观察和认识事物的基础上展开。他说："夫泰山之为大，弗察弗见，而况微眇者乎？"又说："夫目不视，弗见。""虽有天下之至味弗嚼，弗知其旨也。"这说明了感性认识的意义。与此同时，他强调理性认识的重要性，而理性认识要通过思考而取得。他讲道："心弗论，不得。……虽有圣人之至道，弗论，不知其义也。"这里的"论"就是思考与研讨的意思，说明学习必须下一番逐层深入的功夫，才能取得真正的认识。这就如同吃饭必须经过对食物的咀嚼、消化吸取其中养分的道理一样，学习要对事物进行观察，经过深思熟虑，分析研究，探明所学问题的实质要义。因此，他屡讲"湛思""微察"，要求"穷其端而视其故""见所以然之故"，要"考意而观指""详知其则"。他指出"非精思达虑者，其孰能知之"。从董仲舒的这些议论来看，在学习上要注意"思"，认识事物所以然的"故"（依据）与"则"（法则或规律）。可以说，这是董仲舒关于学习论所提出的合理见解。当然，他要求的所知之"则"与所见之"故"归根到底是封建之道，所谓"湛思而自省悟以返道"。关于在学习上如何思的问题，董仲舒提出了"得一端而多连之，见一空而博贯之"，即求得《春秋》的原则和大义，就可以作为推理的依据。

（三）专心致志，贵一常一

董仲舒在论《天道无二》中，阐述了天道"常一不二"的规律，从而指出"事无大小，物无难易。反天之道无成"。由此他宣称："目不能二视，一耳不能二听，手不能二事，一手画方，一手画圆，莫能成。"这在学习上讲，就是说不能一心二用，不要分心走神，而要专心致志，集中注意力。否则，即使是做"小易之物"也终不能成功。董仲舒指出，心不专一就必将失败或发生弊害。他说"不一者，故患之所由生也"，因而主张"贵一"。他还指出，"专一"不能是一时或暂时的功夫，还须守常，要"常一"即经常地持久地集中注意力。也就是说，在学习上既要专心，还须持之以恒。董仲舒从正面论述到，"一"与"常"主要是在修养上取得"立身"与"致功"的成就，最终明晓天道、天心。他也从反面强调说："人孰无善，善不一，故不足以立身；治孰无常，常不一，故不足以致功。"这不仅能指导人们的修养，同样也说明学习（读经）在专心有恒中才能求得立身致功之业。他的贵一、守常，是同他的独尊儒术和大一统的思想密切相关的。"形静而志虚者，精气之所趋也"，精力集中为认识深入创造条件。

四、纲常伦理的师范道德观

董仲舒师范道德教育思想源自"三纲五常"。"三纲五常"是董仲舒伦理思想体系的核心，也是董仲舒道德教育的中心内容。所谓"五伦"，指君臣、父子、夫妇、兄弟、朋友。董仲舒又在这五种关系中突出强调君臣、父子、夫妇三种主要关系，"君为妻纲、父为子纲、夫为妻纲"，他认为"王道三纲"，并用"天人感应""阳尊阴卑"等理论对这一思想进行论证。与三纲相匹配的是"五常"，即仁、义、礼、智、信。"三纲"是道德的基本准则，"五常"则是与个体道德认知、情感、意志、实践等心理、行为能力相关的道德观念。"三纲"与"五常"结合的纲常体系成为中国封建社会道德教育的中心内容。具体而言，董仲舒关于师范道德教育思想的原则和方法有四点。

第一，"正我"。他提出，"义之法在正我，不在正人"。他的主导思想是，在道德教育中，着重"治我"，治我要严，待人要宽，"躬自厚而薄责于人"。人人都要认真省察自身的过错，而不要去责怪别人。

第二，"强勉行道"。他强调："强勉行道，则德日起而大有功。"意思是说，只要发奋努力进行道德修养，德行就会一天比一天好。用"渐以致之""谨小慎微""众少成多，积小致巨""集善累德"的方法，以加强效果。

第三，"明于性情"。在道德教育中，他主张运用"明于性情"的方法，主张"引其天性之所好，而压其情之所憎者"，诱发他天性中的美好，抑制天性中所厌恶的。教育中重视培养道德感情的做法，是可取的。

第四，"必仁且智"。他提出："莫近乎仁，莫急于智。""仁而不智，则爱而不别也；智而不仁，则知而不为也。"他认为，道德行为和道德认识要相互结合起来，才能做到"必仁且智"。道德行为上出现的错误，往往是由于认识不清，即"知之所不明""虽有圣人之道，弗论不知其义"。因而他说："君子不学，不成其德。"他认为，道德认识与道德行为是不可分割的。

综上分析，董仲舒倡行儒学并把先秦儒学铸成汉代新儒学，作为封建统治的指导思想和理论依据，同时，提出了独尊儒术的教育体系，推进了汉代封建教育理论的发展。在中国教育史上，董仲舒是中国古代封建阶级具有深远影响的儒学大师和教育家，是封建教育的重要创建人物之一。

拓展阅读

[1] 沈灌群，毛礼锐. 中国教育家评传 [M]. 上海：上海教育出版社，1988.
[2] 吴芳. 中华教育家思想研究 [M]. 武汉：武汉大学出版社，1992.
[3] 孙培青. 中国教育史 [M]. 上海：华东师范大学出版社，1992.
[4] 张鸣岐. 董仲舒教育思想研究 [M]. 北京：人民教育出版社，2000.
[5] 王永祥. 董仲舒评传 [M]. 南京：南京大学出版社，2011.
[6] 周玉衡. 传统文化与教师教育 [M]. 上海：复旦大学出版社，2013.
[7] 杨丽. 董仲舒德育思想当代价值研究 [M]. 北京：中国社会科学出版社，2020.
[8] 康喆清. 董仲舒教化思想研究 [M]. 长春：吉林大学出版社，2020.
[9] 邓红. 董仲舒思想研究 [M]. 台北：文津出版社，2008.

第五章
韩愈师范教育思想

韩愈（公元768年—824年），字退之，唐代河阳（今河南孟州）人，著名思想家、文学家和教育家。他生于一个中小官吏家庭。父亲名叫韩仲卿，韩愈三岁时，父亲逝世了，韩愈由兄嫂韩会夫妇抚养长大，他在《祭郑夫人文》中回忆说："我生不辰，三岁而孤。蒙幼未知，鞠我者兄。在死而生，实维嫂恩。"他一生都生活在社会动荡不安的阶段，个人生活经历曲折，造就了他敢于进取、勇于拼搏的精神。唐德宗贞元二年（公元786年），韩愈被宣州推举，告别寡嫂和侄儿来到京城长安，在十九岁到二十四岁，一连三次参加进士考试，都名落孙山。在长安期间，他结识了一批名人、学者，他们共同切磋文学和政治的主张，他力主提倡古文，成为古文运动的中坚分子，也扩大了自己的名气和影响。贞元八年，韩愈第四次参加考试，被录取为第十三名进士，但若想在朝廷为官，还要经过吏部的"博学宏辞"考试，他又接连三次落选。岁月蹉跎，生计维艰，只得返回宣城。九年时光，韩愈真正认识到人生道路的曲折和世事的艰难。

贞元十二年，韩愈已二十九岁，汴州刺史征召他为观察使推官，职位虽然微小，但总算踏进了官场。贞元十六年，他离开徐州，把家安置在洛阳的一个乡村，一边读书写作，一边收徒讲学，尽心教导一帮弟子读书习文。第二年，他通过了吏部的甄选，被任命为四门博士（京师太学博士）。贞元十八年春，他终于实现了日夜盼望的在京城为官的愿望。韩愈爱惜人才，积极向考官推荐优秀考生，推荐了侯喜、侯云长、刘述古、韦群玉、沈祀、张茹、尉迟汾、李绅、张后徐、李翊十人，其中当年登科的有四人。他提倡师道，打破习俗偏见，并公开阐明自己的主张，撰文《师说》篇，赠送给弟子李蟠，成为轰动一时的重要教育论著。韩愈广受青年学子景仰，门下弟子甚多。李肇《唐国史补》说："韩愈引致后进，为求科第，多有投书请益者，时人谓之韩门弟子。"

元和十二年（公元817年），韩愈以行政司职随裴度平定了淮西叛乱，立下了军功，被擢升为刑部侍郎，时年已五十岁。他到刑部上任不久，长安城里正逢迎送"佛骨"（佛祖释迦牟尼的佛骨，传说是一节指骨）之年，"佛骨"要到皇宫和京城各大寺庙展示，因而，一时长安城内外，钟鼓齐鸣，香烟缭绕，老幼瞻仰，人潮如涌。韩愈感慨不已，提笔写就《论佛骨表》的奏章，指斥"佛骨"是"污秽之物"，陈述了历朝有关鬼神危害人民的严重问题，韩愈因谏迎"佛骨"一事被贬至潮州。长庆二年（公元822年）九月，韩愈转任吏部侍郎。长庆四年夏，因病告假休养于城南庄，与文学之士往来唱和，假满百日而自行罢官。当年冬病逝于长安靖安坊。韩愈谥号文，因而人们又称他"韩文公"。

就教育而言，韩愈三进国子监，任博士一职，后又任国子监祭酒。他力改耻为人师之风，广招后学，亲授学业，留下了论说师道、激励后世的文章。他强调了求师的重要性，认为只要是有学问的人，就是自己的老师。

一、尊师重道师范教育思想

魏晋以后，师道传统渐被轻视与淡化，到了唐代形成了一种"惑而不从师"的局面，为师者被人讥笑斥骂，从师者自以为耻，极大地阻碍了文化的传播，也阻碍了历史的发展。原因在于实行科举制度以来，读书人只需通过考试取得功名，不重视学术研究，不在意有无名师教导，对求师学习不感兴趣，甚至认为求师有损自己的才识声名。学校多是"学其句读"。不仅学生将学术研究视为"小技"，连教师自己也看不起学术研究。加之佛教盛行，也削弱了儒学的影响，只求"顿悟"，致使社会更不重视求师问学。某些士大夫一听到某人拜某人为师，"则群聚而笑之"。针对社会上这种不重视求师问学的不良风气，也为了驳斥某些人对自己的诽谤，韩愈于贞元十九年（公元803年）写下了他的教育理论名作《师说》。关于教师的论述也是韩愈在教育理论上最重要的贡献。

在师范教育思想上，韩愈教育年轻人，需要秉承诲人不倦的精神。在任四门博士的时候，由于他写作古文，倡言古道，慕名而来的求学者众多，他对学生的问题，有问必答，循循善诱；对来信者，必有回信，将自己关于古文写作、文道关系的看法告诉他们，劝诫青年学子首先要重视个人道德品质的修养，告诫学生行与知之间的关系。他对学生，无论年幼年长，凡登门称弟子者，一概不回避师、弟子的名分。韩愈以为"生乎吾前，其闻道也，固先乎吾，吾从而师之；生乎吾后，其闻道也，亦先乎吾，吾从而师之"。韩愈不以年龄来区分教师与学生，而是以知识道理来区分的。

（一）教师的作用和任务

韩愈首先肯定了教师的重要地位和作用。韩愈认为，人性所具有的五种道德品质，并不能自然而然地体现，他说："且五常之教，与天地皆生，然而天下之人，不得其师，终不能自知而行之矣。"在道德修养过程中，需要有教师的教育引导，教师的作用就在于帮助学生提高道德认识，并提供示范性榜样。如果没有教师的教育和引导，学生的道德品质就难以获得发展，修养难以取得成就，也就不可能按道德规范的要求进行社会生活。依据历史经验，他认为"古之学者必有师，所以通其业，成就其道德者也"，意思是今之学者，要成就其道德，也必定要有教师。教师的重要任务是对学生进行道德教育。

具体而言，他从古代说起，指出："古之学者必有师。"只要不是生而知之的人，读书学习，不可能没有不懂的疑惑，不可能不向教师求教。他说，古代上至圣人，下至巫医乐师百工，无不虚心求师，而今天有些人学问远不如圣人，却"耻学于师"，他批判"耻于学师"的错误，主张"不耻相师"。他接着强调："师者，所以传道、授业、解惑也。"教师的任务包括三个方面，即传道、授业、解惑，他把传道作为教师的首要职责，要传儒家的修身、齐家、治国、平天下之道。其次是授业，即讲授诗、书、易、春秋等儒家的六艺经传与古文。三是解惑，即解答学生在学习过程中所提出的疑难问题。这三个方面紧密相连，构成教师任务。为了使学生更好地体道悟道，就需要进行授业和解惑。传道是目的，授业和解惑是传道开展的过程和手段。三者有主次前后之分，职责分明。

（二）教师的主要标准

韩愈认为，不管其门第、出身、相貌等如何，只要学有所成，并合乎儒道，就可为人师表。《师说》提出以"道"为求师的标准，主张"学无常师"。目的是为学"道"，办法是"学无常师"，这种师范教育思想具有历史渊源。《尚书·咸有一德》已有"德无常师，主善为师"的主张，意思是有善德的人，即以之为师。孔丘提出"就有道而正焉"，也是主张学无常师。其弟子子贡曾说："文武之道，未坠于地，在人。贤者识其大者，不贤者识其小者，莫不有文武之道焉。夫子焉不学，而亦何常师之有。"这就较具体地说明学无常师的主张。但这种思想，到了科举盛行文学风靡的唐代，已被抛弃，不再以"道"为求师的标准。韩愈极力矫正当时由贵戚或凭年资来当学官的风气，反对将社会地位和资历作为择师的标准。韩愈认为，教师教学的主要任务在于传道，学生求学的主要任务在于学道，能否当教师也就应以道为标准来衡量。谁先闻道，谁就有条件传道，承担起教师的作用，年龄比较大的，闻道在先，可拜他为师，年龄比较小的，闻道在先，也可拜他为师，这样做就完全以道为师，凡有道就可为师，即"道之所存，师之所存"。社会上有道的人不少，皆可为师，求学的范围不应受到限制，而应当"学无常师"。在"不闻有师"的社会条件下，提倡"学无常师"，当然会使人感到危言耸听，但他提出以道为师、学无常师的主张，在当时对打破士大夫们妄自尊大的心理，促进思想和文学上的交流，具有一定的积极意义。

韩愈认为"圣人无常师"，主张广泛地向他人学习，以开阔自己的视野，增长自己的知识和才干。另外，他强调"师道"，强调"存师卫道"。所以有道是教师的首要标准，如果一个教师没有一定"道"的水准，就不能成为教师。教师也就必须忠于道，为传道卫道而授业。凡是具备一定"道"与"业"的人都可为师。韩愈曰："生乎吾前，其闻道也，固先乎吾，吾从而师之；生乎吾后，其闻道也，亦先乎吾，吾从而师之。吾师道也，夫庸知其年之先后生于吾乎？是故无贵无贱，无长无少，道之所存，师之所存也。"意思是说，求师是为了学道，谁有道谁就是教师，无论地位是高还是低，无论年龄是长还是少。一言以概之，有"道"者即可为师。这不仅对求师的人是一种鼓励，对教师也是一种鞭策。在师道衰微的历史条件下，韩愈提出学无常师、唯道是求的思想，批判了当时士大夫们自我封闭的心理，促进了思想和文化的较量，具有积极现实意义。

（三）教师与学生关系

韩愈对师生关系的论述主要是两类：一是"道之所存，师之所存"，不论贵贱，不论老少，有道者即可为师；二是"弟子不必不如师，师不必贤于弟子"，形成师生关系的条件不在于教师比学生高明多少，而在于"闻道有先后，术业有专攻"。《师说》提出，师弟子之间可以"相师"，确立了合理的师生关系。韩愈观察到，社会中各种职业的人学习具有不同的情况，经过分析与比较，他指出："巫医乐师百工之人，不耻相师。"认为这种做法合理，比士大夫们表现得更为明智。士大夫应当矫正"耻学于师"的坏风气，形成相互学习的新风气，相互学习不限于同辈、朋友之间，也可以实行于教师、学生之间。教师与学生年龄有差别，而闻道则不以年龄大小定先后，学术业务也可能各有专长。"弟子不必不如师，师不必贤于弟子"，意思就是弟子不一定样样都不如教师，如果某方面有专长，也可以此条件而转为教师，教师不一定事事都比弟子高明，为了扩大知识面，向有专长的人学习，也可以转为弟子，教师与弟子可以相互学习，教学相长，这是理所当然的事。他把师生的关系，不再看成是绝对的，而是相对的、可以转化的，这对强调封建性的师道尊严、维护教师绝对权威的教育思想是一种否定。这种蕴含辩证法的教育民主思想，具有重要的历史意义。他明确指出，教师不一定是万能的人，这是不可能的；教师也不一定是完人，同样也是不可能的，破除了对教师的盲目迷信，也消除了教师的思想负担，缓解和融洽了师生关系。能者为师，还寓有鼓励学生"青出于蓝而胜于蓝"。韩愈强调师生之间是相互学习的，师生在道和业前面是平等的，师生关系可以相互转化。

二、"为道"师范教育目的

韩愈认为，教育要"明先王之教"，使人们明白"学所以为道"，这也是其教育目的之所在。首先，"先王之教"是"夫所谓先王之教者，何也？博爱之谓仁，行而宜之之谓义。由是而之焉之谓道。足乎己无待于外之谓德。其文：《诗》《书》《易》《春秋》；其法：礼、乐、刑、政；其民：士、农、工、贾；

其位：君臣、父子、师友、宾主、昆弟、夫妇；其服：麻、丝；其居：宫、室；其食：粟米、果蔬、鱼肉。其为道易明，而其为教易行也。是故以之为己，则顺而祥；以之为人，则爱而公；以之为心，则和而平；以之为天下国家，无所处而不当"。就是说小到家庭饮食习惯，大到社会的典章制度，必须通过刻苦攻读诗书礼易春秋等教材获得。其次，韩愈提出"学所以为道"的教育目的，就是要求通过教育的手段，使学生重新认识儒家的仁义道德，以恢复儒学的独尊地位，他的"反佛""古文运动"，都是为了复"道统"和"文以载道"。如他在《上宰相书》中所说："其所读皆圣人之书，杨墨释老之学，无所入于其心。"又说："始者非三代两汉之书不敢观，非圣人之志不敢存。""行之乎仁义之途，游之乎诗书之源，无迷其途，无绝其源。"总之，教育的目的是在于使人体道、悟道、行道。

三、师范教育教与学方法观

（一）学习在于勤勉

韩愈强调好学不倦，学而不厌，才能成为博学鸿儒。他在《进学解》一文中指出："业精于勤，荒于嬉；行成于思，毁于随。"他的意思是说，学业的精通在于不懈地勤奋刻苦，学业的荒废是因为只顾嬉戏游乐，为人行事的成功有赖于深思熟虑。韩愈说："诗书勤乃有，不勤腹空虚。"他以自己幼年多难，但不坠勤学之志，终有所成的事例来教育学生。韩愈自己的学习是"口不绝吟于六艺之文，手不停披于百家之编""焚膏油以继晷，恒兀兀以穷年""平居虽寝食未尝去书，怠以为枕，餐以饴口"。韩愈的学习经验集中到一点，就是一个"勤"字，即勤读、勤写、勤思考，夜以继日、长年累月、坚持不懈。

韩愈在家庭教育中也反复灌输"勤奋"的思想。元和十一年（公元816年），韩愈在《符读书城南》用对比的手法，进行两种前途的教育，激励儿子将来不要做马前卒，而要做公与相，这首诗是他的家庭教育思想最集中的表露。诗中说："欲知学之力，贤愚同一初。由其不能学，所入遂异间。"他承认儿童的学习能力，开始几乎是一样的，但后来由于有的有条件学习，有的没有条件学习，学习条件的差别，使他们走上不同的发展道路，处于不同的社会地位。诗中又说："两家各生子，提孩巧相如。少长聚嬉戏，不殊同队鱼。年至十二三，头角稍相疏。二十渐乖张，清沟映污渠。三十骨骼成，乃一龙一猪。飞黄腾踏去，不能顾蟾蜍。一为马前卒，鞭背生虫蛆。一为公与相，潭潭府中居。问之何因尔，学与不学欤！"认为读书与不读书的人，差别越来越大，到了30岁就更加悬殊。读书的人像超凡的神马，奔腾而去，不读书的人像地面的蟾蜍，不值一顾。最终的结果是读书人能成为公侯将相，在深邃的府第中享受荣华富贵，不读书的人则成为马前走卒，让人鞭打驱使过着劳苦的生活。把天渊之别的两种发展前途，极为形象鲜明地摆在儿子面前。全诗贯穿了一个重要的观点，"学问"乃立身处世的根本，是区分君子与小人的决定因素，"学问藏之身，身在则有余"，就是说有了学问，农夫也可能成为公卿，没有学问，王公子孙也会落为贫民。因此，韩愈教导儿子要珍惜光阴，勤读诗书，博通古今。

(二) 博学基础上求精通

韩愈主张学生广泛地读书，以求博学。他强调"读书患不多""余少之时，将求多能，蚤夜以孜孜""遂得穷究于经传史记百家之说"。在博学的基础上，还需要精益求精，抓住重点，掌握关键，形成自己知识体系。同时，韩愈又指出学要精约，他说："学虽勤而不繇其统，言虽多而不要其中，文虽奇而不济于用，行虽修而不显于众。"他还提出"提其要""钩其玄"，就是说教学与学习都要有一个纲要，注意学识的系统性，要有因有果、有主有次，能突出重点又不失其条理，能抓住要害而又不忽略一般性，有利于引导和探索其精微之处，领会精神实质。他特别指出："沉浸浓郁，含英咀华。"在深入钻研学问中，一定要专心致志，深深沉浸在典籍与学识的浓郁芳香之中，细细咀嚼品味，融会贯通，汲取精华，这是研究学术的最美妙境界。

(三) 学习要与独创相结合

韩愈强调，学习必须与独创相结合。他反对死记硬背和照本宣科，认为"师古圣贤人"，要"师其意不师其辞"，就是说以古人为师，向古人学习，不必拘泥于文辞章句，而是要学习文章中的思想、方法，在此基础上能够独立思考，不能尽信书本。如果只是会记诵古人的陈词滥调，那和一个窃取别人东西的窃贼是一样的，他说："踵常途之役役，窥陈编以盗贼。""降而不能乃剽窃。"意思是，跟在别人后面跑，就是在抄袭前人的成果。因而他要求学习和思考要结合起来，"手披目视，口咏其言，心惟其义"。在深入思考的基础上，形成自己的观点，尤其是为文，"抒意立言，自成一家新语"，并能做到"闳其中而肆其外"，抒发思想和言论，立意要新颖，内容要丰富，要有精新而自成一家的见解和风格，达到秀其内而美其外，雄浑而豪放。他也大力倡导古文运动，并在文学创作上取得了较高的成就，这也是他既能勤奋学习古人，又能推陈出新、大胆创新的结果。

(四) 教学要因材施教

韩愈主张"用材使能，因材施教"，培养和造就大批人才。他四进国子监，每次去都受到学生们的欢迎。《进学解》全面而系统地讲了学习和教育的方法，也讲了因材施教、因材而用的问题。他以形象的比喻指出，好的木匠，无论木材长短、大小、材质如何，都能根据不同情况，物尽其用。如果教师能区别对待学生，像木匠对待不同材质的木材一样，就可以把学生都造就成有用的人才。因此，韩愈指出，教育者要想教好学生，必须自己有广博的知识，然后才能对学生因材施教。认为只有培养出各色各样的人才，才能谈到使用人才的问题。韩愈有丰富的课堂教学经验，有时结合义理进行讲解，诙谐地说说笑话；有时因教学内容的需要，高歌吟诵诗句，以活跃课堂，使学生们陶醉在他的教学之中。实际上，他不仅倡导因材施教，而且身体力行，对不同天赋的学生因材施教。如，他在贬谪之地（阳山与潮州）广开学馆，对学生进行的教育以识字句读为主；而在任国子监学官期间，他以复兴儒学为使命，因为这里的学生文化基础都很扎实，对学生进行的教育主要是儒学道德教育。由此可见，针对不同的对象，韩愈在教育上使用不同的方式，给学生很大的启迪，对后世也有巨大的影响。

四、尚贤使能的教师目标观

韩愈集成了儒家以道德治天下的思想，主张通过教育的手段向广大百姓灌输封建的道德观念，然后再用刑罚的手段加以控制。既然在政治上主张以德治天下，那么就必然重视教育事业。教育的任务就是要为治国兴邦培养人才，因而为了巩固封建统治，必须培养合格的官吏而教育天下之英才。

韩愈的"人才说"别具新意。他在《杂说四·马说》一文里，运用识马的道理表明识别人才的重要。他说："世有伯乐，然后有千里马；千里马常有，而伯乐不常有。"这句话说明千里马和伯乐的关系，说明人才之难得。韩愈又进而论证说："虽有名马，只辱于奴隶人之手，骈死于槽枥之间，不以千里称也。马之千里者，一食或尽粟一石。食马者不知其能千里而食也。是马也，虽有千里之能，食不饱，力不足，才美不外见，且欲与常马等不可得，安求其能千里也？策之不以其道，食之不能尽其材，鸣之而不能通其意，执策而临之，曰：'天下无马！'呜呼！其真无马邪？其真不知马也。"可见由于不识马，不懂得马，就不会饲养马。马虽也有千里之能，但待遇不公，不能满足其生活的要求，也就不可能发挥它的才能了。"食不饱，力不足，才美不外见"，吃不饱东西，没有力气，千里马也发挥不了作用。韩愈运用这个暗喻，辛辣地嘲笑不识人才的人。"策之不以其道，食之不能尽其材，鸣之而不能通其意"，如果驱策使用、饲养管理都不得法，也不能理解其意愿，反而"执策而临之，曰：'天下无马'"，韩愈因而说："其真无马邪？其真不知马也。"世上不是没有良马，而是缺乏识马的人啊！只要善于识别而又培养、使用得当，人才会不断涌现。他批评对人才的摧残和埋没。韩愈的这种爱才、选才、用才的思想，是对我国历史上"尚贤使能"思想的新发展。与选人唯贵、用人唯亲，以及只重视人才的价值不强调识别和扶植人才的观念是对立的。因而可以讲，"人才说"是对"尚贤使能"的继承与发展，就师范教育而言，也可以说是在发现人才、培养人才，这一思想在师资培养直至如今仍有现实意义。

总的来看，韩愈提出师道问题，并写了《师说》《进学解》等，公开宣扬自己的观点，对后世产生了深远的影响。后代许多教育家对此发表评论，有的对其理论进一步加以发展。直至现代，韩愈提出的一些问题，对师范教育理论的探讨仍有启发。

拓展阅读

[1] 沈灌群，毛礼锐. 中国教育家评传 [M]. 上海：上海教育出版社，1988.

[2] 邓谭洲. 韩愈研究 [M]. 长沙：湖南教育出版社，1991.

[3] 吴芳. 中华教育家思想研究 [M]. 武汉：武汉大学出版社，1992.

[4] 孙培青. 中国教育史 [M]. 上海：华东师范大学出版社，1992.

[5] 吴苏林. 师说童心说的教育智慧 [M]. 乌鲁木齐：新疆青少年出版社，2009.

[6] 刘真伦. 韩愈思想研究 [M]. 郑州：河南大学出版社，2018.

[7] 迟双明. 韩愈集全鉴 [M]. 北京：中国纺织出版社，2020.

第六章
张载师范教育思想

张载（公元1020年—1077年），字子厚，凤翔眉县横渠镇（今陕西眉县）人，因在此长期讲学，世称"横渠先生"。他是北宋时期思想家、关学的创始人、理学的创建者之一，他的学术思想在中国思想文化发展史上占有重要地位，对此后的思想界产生了较大的影响，著作一直被明清两代政府视为理学的代表，并被作为科举考试必读之书。

张载少年丧父，当时张载和弟弟张横都还年幼，无力返回老家，全家人寄居在眉县横渠镇，过着贫困的生活。北宋时西夏常对西部边境侵扰，致使民众受尽掠夺之苦，这对"少喜谈兵"的张载触动极大，他向当时任陕西经略安抚副使、主持西北防务的范仲淹上书《边议九条》，陈述自己的见解和意见。张载谈论军事边防、保卫家乡、收复土地的建议得到了范仲淹赞扬，劝他"儒家自有名教，何事于兵"，意思是勉励他去读《中庸》等儒家经典，不必研究军事，将来可成大器。张载听从劝告，刻苦攻读《中庸》，仍感不满意。于是遍读佛、道之书，觉得这些书籍都不能实现自己的抱负，又回到儒家学说上来。经过十多年的攻读，终于悟出了儒、佛、道互相补充、互相联系的道理，逐渐建立起自己的学说体系。

张载中进士后，先后任祁州司法参军、云岩县令、著作佐郎、签书渭州军事判官等职。在做云岩县令时，张载办事认真，政令严明，处理政事以"敏本善俗"为先，推行德政，重视道德教育，提倡尊老爱幼的社会风尚。每月初一召集乡里老人到县衙聚会，常设酒食款待，席间询问民间疾苦，提出训诫子女的道理和要求。后张载回到横渠，依靠家中数百亩薄田生活，整日讲学读书。在这期间，他写下了大量著作，对自己一生的学术成就进行了总结，并亲自带领学生进行恢复古礼和井田制的两项实践。为了训诫学者，他作《砭愚》《订顽》《训辞》（即《东铭》《西铭》）。张载对推行井田制用力最多，他曾把自己撰写的《井田议》上奏皇帝，并与学生买地一块，按照《周礼》的模式，划分为公田、私田等分给无地、少地的农民,并疏通东西二渠"验之一乡",以证明井田制的可行性和有效性。

张载对治学授业是极其认真负责的,《横渠先生行状》记载:"终日危坐一室,左右简编,俯面读,仰面思,有得则识之,或中夜起坐,取烛以书,其志道精思,未始须臾息。亦未尝须臾忘也。"朱熹对他这种作学问的功夫也倍加赞许:"横渠之学,苦心力索之功深。""为学者少有。"他对待弟子总是严谨诚笃、诲人不倦、谦逊平易、循循善诱、奖励后学。他常与弟子坐在一起,读经论道,互相切磋。由此可见他对教学是独具匠心的,他教人的心地也是至诚至精的。他家境清寒,却时时接济有困难的弟子,所以,弟子们都非常敬爱他。在他专心教学的晚年,大地主等兼并土地日益严重,农民贫困交加,社会陷入水深火热之中,对此张载曾上奏皇帝,请求"分宅里,立敛法,广蓄储,兴学校,成礼俗,救灾恤患,敦本抑末",缓和地主阶级和农民之间的矛盾。

张载倡导教师要热爱教育事业,他认为,教师职业至少有四方面的好处:"常人教小童,亦可取益。绊己不出入,一益也;授人数次,己亦了此文义,二益也;对之必正衣冠,尊瞻视,三益也;尝以因之而坏人之才为之忧,则不敢惰,四益也。"强调教师在教人过程中受教育的观点,这是非常有价值的师范教育思想。作为声誉卓著的思想家、教育家,张载在身后留下了可贵的思想遗产,在教育发展史上写下了光辉的一页。张载的主要著作有《正蒙》《横渠易说》《经学理窟》《张子语录》《文集迭学》《拾遗》等,后人将其著作合编为《张子全书》,共十五卷。他的思想对后世的诸多教育家和教育发展产生过很大的影响,因而被称为"关中士人宗师"。

一、变化气质的教育作用观

张载的最大贡献是把人性分为"天地之性"和"气质之性"。他认为,"天地之性"本是善良的,关键在于"气质之性"的转变,他说:"形而后有气质之性,善反之,则天地之性存焉。人之刚柔缓急,有才与不才,气之偏也。"意思是人一出生,他的父母给他的血肉之躯都是善良的,但由于出生后受社会环境的影响,便转向"气质之性"。有些人个性偏于刚急,有的偏于柔缓,有的很有才,有的却才浅或平淡,这都是受社会环境及教育的层次不同而形成的气质之偏差,这就要"善反之",即通过教育来端正变化气质。这里需要指出的是,"变化气质",相当于今天提倡的素质教育。张载认为,"学者先须变化气质,变化气质与虚心相表里",通过"变化气质"可以达到君子、贤人、圣人的境界。为实现这一宏大目标,采取循序渐进的办法,把对目的的实现分解为三个层次。

首先,教育学生学做君子,即做人,在于立人之性,复归"本然之善性"。他说:"学者须当立人之性。仁者人也,当辨其人之所谓人。学者在学所以为人。"他要求学者通过学习，涤除动物性而立人性，懂得人之所以谓人的道理，懂得"知人""爱人"，为人要力求上进，不可懈怠。

其次，求做贤人。张载对贤人的要求是"克己行德"，他在教学中总是对学生"每告以知礼成性，变化气质之道"。要求学生应严于律己，宽以待人，以仁爱之心去待人处事，争做至善至仁的贤人。

最后，圣人是为人的最高要求，也是张载的教育目的所在。标准是"行仁济世""乐己行德"。他认为，圣人自身的仁义道德礼教已经达到至善至美的最高境界，是具有大贤大德的人，是"不私其身"的人，是"随心所欲不逾矩"的人。在知识方面，"圣人"是知识渊博、深谋远虑、有独创见解、能拯救社会危机、能促进社会发展的人，从而达到"求为圣人行仁济世"的目的。

那么，"气质之性"怎么变化呢？张载有两点主张。

第一，要有好的环境。他写道："居仁由义，自然心和体正。学必如圣人而后已，以为知人而不知天，求为贤人而不求为圣人，此秦汉以来学者之大弊也。"意思是人在好的环境下，经常能得到师长和贤良朋友的教诲，必然能成为贤人，经常养成这样的作风，则就能成为超能力、超智慧的人。

第二，"要切礼成性"。他在《经学理窟》中指出："拂去旧日所为，使动作皆礼，则气质全好。"意思是说作为学生，首先要去掉过去自由散漫和不懂礼貌的习惯，要先学礼仪礼貌，这是提高素质的主要途径，这样才能达到既有高深的知识学问，又能恭敬合礼。同时，张载还躬亲执行礼仪规范，给学生以极大的震动。对于未出嫁的女孩子则要求她们参加祭祀、丧礼等社会活动，让她们知道礼仪规范的程序，达到"敦本善俗"、改变社会风气的目的。他的"割礼成性"口号在关中影响很大，使当时关中风俗大为好转。

二、以"四书""六经"为教育内容

张载关于教学内容的主张，是为"求为圣人"行仁济世的教育目的服务的。在思想品质和伦理道德教育中，他首先主张学礼，"以礼为教"，在教育过程中，也以躬行礼教为主旨。他认为，"礼"是圣人的"成法"，"知礼"才能"成性"，因为它贯穿在每个人的思想、行为之中。"知礼"才能纯净品质，规范行为，是为"圣人"的重要内容，他说先学礼"在我乃是捷径"，所以他自身的一言一行，也必以礼为先。在教学中，他总是衣冠整肃，端坐瞻视，不失师表之仪，以身示范。对于学生也是这样严格要求，言行一致，久习成性，也就会达到他所谓的"使幼皆中礼，则气质自然全好"。另据《宋史本传》记载，张载"其学尊礼贵德，乐安天命，以《易》为宗，以《中庸》为的，以《礼》为体，以孔孟为极"。此外，他的主体教学内容仍然是"四书"六经"，他还没有摆脱儒家的传统观念，认为这是"众所向者"，是教化民众的最好教材。张载对《周易》的研究尤为精深，因为它揭示"性与天道"，是天地万物和社会人伦的变化规律；学习音乐，也可以达到陶冶性情，培养高尚情操，摒陋弃恶，提高思想气质的效果。他还说："要见圣人，无如论、孟为要。论、孟二书，于学者大足，只是须涵泳。"《论语》《孟子》《中庸》《大学》四书，是他教育学生进德修业的准则，这和他的整个教育思想是一脉相承的。同时，张载基于他培养"济世之才"的目的，倡导学以致用的教育原则，十分重视对自然科学和军事知识的教学。他的著作《正蒙》一书不仅是一本阐发哲学思想的著作，也有关于天文、地理、生物、历史学、医学、生理、心理等自然科学知识。自然科学和军事科学也是他长期教学的内容之一，这是张载教育思想的一大特色。张载自少年时起就立志用兵戍边安民，后因范仲淹的劝阻而未能一展大略，但他却培育出了游思雄、种师道、李复等戍边名将，他的弟子中还有长于数学的，有"溺于刑名度数之间"的。

三、注重道德品格修养教育

张载的道德教育论主要以人性化为基础，来阐明自己的道德学说，主要有以下三方面内容。

首先，张载强调进行道德修养教育，必须"变化气质""通蔽开塞"。他认为"凡物莫不有是性，由通蔽开塞，所以有人物之别，由蔽有厚薄，故有智愚之别。塞者牢不可开，厚者可以开而开之也难，薄者开之也易，开则达于天道，与圣人一"。"蔽""塞"指人的私欲，而私欲又有厚薄程度的不同。只有通过克己的功夫，去除"蔽""塞"，才能"存理""成性"，成为道德完善的圣贤。也就是张载所说的，"始学者要静以入德，至成德亦只是静"。同时，张载主张，在虚静三省的内心活动中，"当以己心为严师"。保持自心的纯洁，始终做到严于律己，自我约束，他主张的"慎独"，是说人的道德规范行为不仅在众目睽睽之下表现出好的一面，而且"处幽独，防亦不懈"，即在自己单独处事时，也当以己心为严师，做到始终一致，克己博爱。同时，他说："知学然后能勉，能勉然后日进而不息。"强调教师还要有勤勉和顽强不息的治学精神。

其次，张载还特别强调"躬行礼义"的道德实践。修身、齐家、治国而后平天下，是儒家一贯思想，学就是为了用，为了付诸行动。他指出："行之笃者，敦笃云乎哉，如天道不已而然，笃之至也。"意思就是笃行乃力行，敦笃乃奋发努力，如同天道的运行不息那样，才可达到力行之至。所以他强调道德品质修养"不可徒养"，还要重在一个"行"字，注重在日常生活中"见善于微"，从小事做起，踏踏实实去实践。如果修而不行，就成为空谈家了。不论是教学还是为官，张载都是恭行实践的典范。他在任云岩县令时，政绩卓著。在施行"敦本善俗"的政纲时，树立尊老事长的优良道德风尚，改变社会风俗，"尊高年，所以长其长；慈孤弱，所以幼吾幼"。

最后，张载把进行道德修养的过程划分为学者、大人（贤人）、圣人三个阶段。通过这三个阶段，来体现人性的不断完善和自我完成，从而让人的道德实践从有意识的自我约束性践履，逐渐变为自由而自然的行为。这说明了道德实践应当是一个持续努力、不断提升的过程。

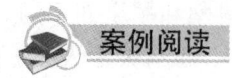

案例阅读

"四为""六有""十戒""两铭"

张载作为关学的创始人，两被召晋，三历外仕，著书立说，终身清贫。"四为"即"为天地立心，为生民立命，为往圣继绝学，为万世开太平"，涉及人的价值目标、生命意义、道统传承、社会理想。"六有"是张载十五岁护柩回籍途中，在勉县拜谒武侯祠后题言："言有教，动有法，昼有为，宵有得，息有养，瞬有存。"意思是：说话应有教养，行动应有规矩；白天要有所作为，晚上应当静思自己的心得；休息时必须保养身体与气质，在瞬息之间也不能放心外驰，而要有收获存养。张载又提出了"十戒"：戒逐淫朋队伍；戒好鲜衣美食；戒驰马试剑斗鸡走狗；戒滥饮狂歌；戒早眠晏起；戒依父兄势轻动打骂；戒喜行尖戳事；戒近昵婢子；戒气质高傲不循足让；戒多谚言习市语。在"六有""十戒"的基础上，张载还提出了更高的道德规范要求，特别是撰写了《东铭》《西铭》训辞，书于书院大门两侧，是家族弟子与学生必须烂熟于心的座右铭。

"尊高年，所以长其长；慈孤弱，所以幼其幼。"

"不愧屋漏为无忝，存心养性为匪懈。"

"富贵福泽，将厚吾之生也；贫贱忧戚，庸玉汝于成也。"

《东铭》强调做人要诚实，既不要欺骗别人，也不要自欺欺人；《西铭》强调要有博大的胸怀，孝顺长辈，慈爱孤弱，救济天下困苦百姓。

四、论师范教学原则和方法

张载关于师范教学方法的理论和实践，大都依据《礼记》中所述孔孟儒家的教学原则，并在此基础上结合自己的教学实践经验，进行了创造性发展，概括起来有以下几点。

（一）鼓励立定志愿，有志于学

张载主张为学必先立志，立大志是成人成才的前提。他提出"志大则才大、事业大""志久则气久，德性久""有志于学者，更不论气之美恶，只看志如何！匹夫不可夺志也，惟患者不能坚勇""且立志不可大小，志小则易足，易足则无由进，人若志趣不达，心不在焉"。这要求教师必须首先教学生立定志向，有了远大的志向，便可激发积极主动的学习精神。同时，教师要了解学生的实际气质，按照适当的年龄和适当时机进行恰当教学，只要学生立大志、有志于学，最终就能成为圣人。他反对学生志愿太小，反对秦汉以来只要求学者达到贤人的境界，认为这是耽误学生的最大弊病。他把为学比作登山，他说"今人为学如登山麓，方其选题之时，莫不阔步大定，及到峭峻之处便止，须是要刚决果敢以选"，大意是，学习就像登山，在快要达到山顶时，最难登的峭山峻岭，一定要有决心、毅力和勇气，最终必然会达到顶峰。

（二）强调循序渐进，因材施教

张载认为教学的又一原则是"循其序，因其材。"他说，教学过程"虽不可缓，又不欲急迫，在人固须求之有渐"，意思是说，教学过程虽然不能因循缓慢，但也不要躁进，要考虑内容的难易深浅，注重知识的系统性，循序渐进。所以他说："当以次，守得定，不妄施"，使学生能够一环扣一环地牢固掌握所学的知识。张载还指出，教学要注意学生的接受能力，如果"教之而不受。虽强告之无益，譬之以水投石，必不纳也"，所以要注重"教"而能"受"，能够消化了解。不然，"人未安之又进之，未喻之，又告之"，就像石头投入水中，石头还是石头，水还是水。学生会因而对学习产生畏难情绪，会因没有兴趣而厌烦学习。张载在《语录抄》中说："教人至难，必尽人之材，乃不误人。""不尽材，不顾安，不由诚，皆是施之妄也。"强调要因材施教，因材施教的关键在于"尽人之材"。怎样才算是"尽人之材"呢？按工匠的话说，叫作量才而用。其一，依据学生的志趣和追求；其二，依据学生的知识水平；其三，考虑学生的才能，也就是现在所说的智商情况。因而"上翼施之，下悦承之"，教师只有在对学生充分了解的前提下，按照不同要求选择安排教材、教学内容和教学形式，通过因材顺理施教，学生才能高兴接受，收到事半功倍的效果。反之，就会费力不讨好，花费再大功夫，内容教得再多，效果也不会很好。

（三）善于启发诱导，明其然由

张载认为，教师要善于对待学生发问，随学生提出问题的大小给予满意的回答，而且要做到从容不迫。他在《正蒙·中正篇》中指出"教者如洪钟，洪钟未尝有声，由叩乃有声"，还说"圣人未尝有知，由问乃有知"。意思就是，连圣人在示经叩问之前，心中也是空空如也，毫无成见，必须等待提问之后才知事物的变化道理。这就要求教师对待学生提问的态度与方法要灵活运用。他认为，启发教学主要在回答学生的问题时运用。他说"答问者必知问之所由"，意思是教师要让学生充分讲明问题因由、说清问题的症结，然后采取解释、分析的办法将问题回答清楚，回答中还要时时提出反问，加以诘难、辩驳，启发学生思考，以及培养表达能力，培养举一反三的能力，使学生既明其然，又懂得所以然。在与同学的讨论中，同样要用启发的方式，诱导其明辨是非，牢固地掌握知识，服从真理。

（四）强调学则须疑，贵于有用

张载认为，学习贵在解决疑难问题。他说："不知疑者只定不便实作，则实作则须有疑，必有不行达理疑也，在可疑而不可疑不曾学，学则须疑，守旧无功。"意思是说，求学必然会遇到问题，有疑难是好事，可以迫使你去钻研，当这些疑难问题得到解决之后，就会感到有收获和进步。疑难问题越多，得到的知识就会越多，进步也越快，那么怎么解决疑难呢？他说："义理有疑则濯去旧见，以求新意，心中苟有所闻，即命名札记，不思则还塞之矣？更须和朋友之助。"意思是说，学者在学习过程中要多读书，多独立思想，还要虚心，去掉主观主义，争取他人帮助，才会有心得和收获。同时，张载提倡用"贵于有用"的实学之风来解决疑难，鼓励学生走出校门，到实践中去锻炼。他首先倡导"躬行"，反对"空谈"和"少留言于科举"，支持学生重视自然科学，如进行对天文、地理、生物、易经、医学、兵法、农田等领域的研究。

（五）主张教德结合，实学作风

张载认为，教师在教学过程中不仅给学生传道授业，而且自己也会从中有所收获。第一，反复教人过程中也是进一步提高自己，深入了解教案的过程。第二，由于经常担心自身不正而贻误人才，因此更要严于律己，更加严谨。张载在京城相国寺讲"易经"，听讲的人很多，颇受欢迎，晚上程颢、程颐兄弟来看他，张载和二程讨论，发现自己在这方面不如二程，第二天便对听讲的学生说"比见二程深明易道，吾所弗及，汝辈可师之"，于是撤席罢讲，这说明他能够取人之长，补己之短，既能虚心养性，又无门户之见。第三，有利于形成严谨的实学作风和融洽的师生关系。张载讲学于横渠，大部分弟子是快要临登进士的秀才、举人，还有一部分是县令、知州、通判、学正等中小官吏，他的学生年龄相差很大，所以他时刻以儒家的道德规范要求自己，举止言谈给人以气质刚毅、德盛貌严之感，生活上粗食淡饭，乐且不忧，并把自己所著的教育格言《东铭》《西铭》书于书院大门两侧，用于警戒学生，实际上这也成了学生守则。后来人们把张载讲学的地方叫"二铭学舍"，把"为天地立心，为生民立命，为往圣继绝学，为万世开太平"作为关学的宗旨，一直作为横渠书院的校训。张载与弟子融洽相处，互相劝勉不息，言传身教，严于律己，给后世的影响是十分深远的。

总而言之，张载在数十年的治学过程中，所积累的师范教育理念和教育经验，以及"学贵有用""守旧无功"的真知灼见是丰富而珍贵的，为中国师范教育的发展做出了巨大贡献，产生了深远影响，时至今日仍具有参考价值。

拓展阅读

[1] 张世敏. 张载学说及其影响[M]. 西安：三秦出版社，2015.
[2] 吴芳. 中华教育家思想研究[M]. 武汉：武汉大学出版社，1992.
[3] 周玉衡. 传统文化与教师教育[M]. 上海：复旦大学出版社，2013.
[4] 方光华，曹振明. 张载思想研究[M]. 西安：西北大学出版社，2015.
[5] 朱建民. 张载思想研究[M]. 北京：中华书局，2020.
[6] 刘泉. 张载思想讲演录[M]. 西安：陕西人民出版社，2020.
[7] 陈政扬. 张载思想的哲学诠释[M]. 北京：中华书局，2020.

第七章
朱熹师范教育思想

朱熹（公元1130年—1200年），字元晦，后改为仲晦，号晦庵，别号紫阳，祖籍婺源，儒学集大成者，世尊称为朱子。朱熹出身于封建官僚地主家庭，祖辈世代为官。父亲朱松为人刚直不阿，担任过朝廷史部郎等职。朱熹四岁时，父亲就教他读《孝经》，朱熹天资聪颖，勤奋好学，关心人事和社会状况，想象力十分丰富。十岁读四书五经等"圣贤之学"，学习都是由父亲指导，父亲的刚直对他影响很大。十四岁时父亲去世，遵父嘱拜名儒胡宽、刘勉之二人为师，在他们的指导下学识进步很快。十八岁中举人，十九岁登进士，从此走上仕途。1178年朱熹兼管内劝农事，后又相继做了几处地方官，1194年被任为湖南安抚史。1195年宋宁宗即位被召为焕章阁侍讲，为宁宗皇帝讲《大学》，仅四十天即被免职。1196年当权的韩侂胄等开始对理学进行清算，朱熹被斥为"伪学魁首"，被革职除官。南宋宁宗庆元六年（公元1200年），朱熹在朝野党禁声中去世，享年七十岁。九年后，宁宗才给朱熹追"谥曰文"，称为"朱文公"。

朱熹一生积极办学，发展地方教育，主要从事学术研究和教育活动。在从事私人讲学方面，可谓五十年如一日，终生不渝。同时，他又是一位大教育家，他任同安主簿时，即创办了县学授徒讲学。在南康军任时，修复白鹿洞书院。在彰州任知州时，创办了州学授徒讲学。在潭州时，修复岳麓书院。又先后在台州设武夷精舍，在建阳创沧州精舍。其中他所制定的《白鹿洞书院学规》，成为南宋及以后各地方学校和书院共同遵守的学规。

朱熹作为南宋时期理学家、思想家、哲学家、教育家、诗人，一生的著述甚多，涉及理学、哲学、经学、文学、乐律、辨伪以至自然科学等各个领域。在教育方面的重大影响著作有《童家须知》《小学》《近思录》《论语集注》《孟子集注》《大学章句》《中庸章句》《资治通鉴纲目》《白鹿洞书院学规》《学校贡举私议》《读书之要》等。在宋末以后，其多本著作成为科举考试的标准答案和各级学校必读的教科书，影响中国封建社会后期教育百年之久。在长期的实践教育活动中，朱熹培养的学生多达几千人，其中有名可查者即有三百七十八人。后人对其著作进行整理，编为《朱文公文集》《续集》《别集》三种共计一百二十一卷，《朱子语类》一百四十卷。

一、明人伦师范教育目的观

朱熹重视教育对于改变人性的重要作用，强调封建伦常道德对每一社会成员的约束作用。他把封建的三纲五常、人伦关系论证为"天理"，是"治道之本根"，认为修身是封建统治者齐家治国的出发点和基础。朱熹认为，教育的根本任务就是"明人伦"，其实际内容是"明天理，灭人欲"。他说："性只是理，以其在人所禀，故谓之性。"又说："性者人之所受乎天者，其体则不过仁、义、礼、智之理而已。"既然"性即理"，"性"的具体内含是仁、义、礼、智，那么为何还有不同的人性呢？这里，朱熹接受了张载和程颐的观点，把人性分成"天命之性"和"气质之性"两种。天命之性是专指理言，它是禀受"天理"而成的，所以浑厚至善，完美无缺；所谓"气质之性"则以理与气杂而言之，就是说它是禀受"理"和"气"，两者杂然相存而成。因为人的善恶取决于人出世时气的厚薄清浊。气厚又清者，则"气与理一"，气质和天理是一致的，是善的，不易被"物欲"所累，"天理"昭然显著，则是天生圣人。气薄又浊者，易滋生"有己之私欲"，即私心重，易为"物欲"所累，易于追求物质享受。"私心""物欲"即是"人欲"，"人欲"将"天理"遮蔽，如同明珠被污泥包裹。朱熹认为，生来就"气与理一"的圣人是没有的，在人类社会中并不存在，因而需要经过教育和自我修养，以"变化气质"，发挥"气质之性"中所有的"善性"，去弊明善。要"明明德"，就必须"复尽天理，革尽人欲"，以实现"明天理，灭人欲"的根本任务。

朱熹提出，学校教育的目的在于"明人伦"。他说："古之圣王，设为学校，以教天下之人。……必皆有以去其气质之偏，物欲之蔽，以复其性，以尽其伦而后已焉。"在朱熹看来，要克服"气质之偏"，革尽"物欲之蔽"，以恢复具有的善性，就必须"尽人伦"。所以，他强调"父子有亲，君臣有义，夫妇有别，长幼有序，朋友有信，此人之大伦也。庠、序、学、校皆以明此而已。"在他制定的《白鹿洞书院揭示》中，明确把上述五伦列为"教之目"，置于首位，指出"学者学此而已"。从教育的目的在于"明人伦"的思想出发，朱熹严厉抨击了当时以科举为目的的学校教育。他要求改革科举，整顿学校，改变"风俗日敝，人材日衰"的状况，强调"明人伦"的思想，在当时具有一定的积极意义。

二、小学、大学教育阶段论

朱熹在中国教育史上，是第一个从理论上把儿童教育和青年教育作为一个统一过程来考察的人。朱熹在总结前人教育经验和自己教育实践基础上，把人的一生粗略地分为十五岁以前受小学教育、十五岁以后受大学教育两个阶段，两个阶段既有区别又有联系，并分别提出两者不同的任务、内容和方法。

（一）小学教育

朱熹认为，小学教育的任务是打造"圣贤坯璞"。关于"小学"教育，八岁至十五岁为小学阶段。他认为，如果儿童时期没有打好基础，长大就会做出违背伦理纲常的事，再要弥补，就极为困难了，"而今自小失了，要补填，实是难"。因而，小学教育对一个人的成长至关重要。小学主要以"教事"为主，就是"教人以洒扫、应对、进退之节，爱亲、敬长、隆师、亲友之道"。他认为，在儿童阶段空讲大道理是无济于事的，最好是从具体的行为训练着手，形成良好的生活习惯。他从经传史籍以及其他论著中广泛采集有关忠君、孝宗、事长、守节、治家等内容的格言、训诫诗、故事等，编成《小学》一书，作为儿童教育用书，广为流传，产生了重要影响。此外，他首创以须知、学则的形式来培养儿童道德行为习惯，认为儿童的一言一行、一举一动都有章可循、有规可依，有利于儿童道德行为习惯的养成。他还撰写了《童蒙须知》，对儿童日常生活中应该遵守的礼仪、行为习惯进行了具体规范。

（二）大学教育

朱熹把十五岁以后称为大学阶段，大学教育称为"大人之学"，包括青年人教育和成人教育。大学教育是在"小学已成之功"基础上的深化和发展，大学的教材主要是"四书"和"五经"，教育内容的重点转为"教理"，即"教之以穷理、正心、修己、治人之道"，重在探究"事物之所以然"。朱熹说："国家建立学校之官，遍于郡国，盖所以幸教天下之士，使之知所以修身、齐家、治国、平天下之道，而待朝廷之用也。"就是说，大学教育是在小学教育基础上进一步精雕细刻，把学生培养成对国家有用之才。

关于教学方法方面。朱熹在长期的教育实践中，积累了许多成功经验，其中两点值得重视。其一，重视自学。他曾对学生说，书你自去读，道理你自去探索，教师是引路的人，是证明的人，有疑难处商量而已，主张在教师指导下重视学生自学，这与现在大学教育规律吻合，是大学教育中的一种重要方法。其二，提倡不同学术观点之间的相互交流。1181年，他邀请持不同学术见解的著名学者陆九渊到他主持的白鹿洞书院讲学，并称赞其讲学"切中学者深微隐痼之病"，使"听者莫不悚然动心焉"，还将其讲稿刻石为记。

朱熹认为，大学教育内容首先应读经穷理，并为大学制订了一个九年制的教学计划，他首先把教学内容规定为经、子、史、时务四大门类。经类划分为以《易》《书》《诗》为一科，《周礼》《仪礼》及"二程"之礼为一科，《春秋》及三传（左氏、公羊、谷梁）为一科，"四书"为一科，分年度学习。诸子包括先秦各派各家以及宋朝各家著论，亦分年度学习。史类以《左传》《国语》《史记》《两汉》为一科，《三国》《晋书》《南北史》为一科，《新旧唐书》《五代史》为一科，《通鉴》为一科。时务类分律历、地理为一科，通礼、新仪为一科，兵法、刑统、救令为一科，通典为一科。朱熹认为，欲达到穷理，诸子之书也是必须学习的，因为它"同出于圣人，各有所长，而不能无所短。其长者，固不可以不学，而其所短，亦不可以不辨也"。明辨各家是非，取其所长，辨其所短，是大学教育不可少的内容。"至于诸史，则谈古今兴亡治乱得失之变"，更不可不晓。时务之学则为当世所须，也是不可不学的。朱熹对大学教育的精辟见解，以及分科定时设教，是中国教育思想史上的重大成果，甚为后世所重视。由是言之，尽管小学和大学是两个独立的教育阶段，具体的对象、内容和方法也各不相同，但是，这两个阶段又有内在联系，它们的根本目标是一致的。朱熹关于小学和大学教育的见解，反映了人才培养的客观规律，为中国古代教育理论的发展增添了新鲜内容。

三、六条师生读书学习方法

"朱子读书法"六条是由朱熹的弟子门人总结整理其有关读书的经验，对后世具有重要影响。

（一）按部就班

朱熹循序渐进的读书方法有三层含义。一是指学习的过程应当根据难易程度确定次序，由浅入深，由小及大。他指出："事有大小，理无大小，故教人有序而不可躐等。""君子教人有序，先传以小者近者，后传以远者大者。"二是指知识的积累和持之以恒的治学态度。他注解《论语》"譬如为山"时说："学者自强不息，则积少成多；中道而止，则前功尽弃。"三是指在读具体的书方面，要按照首尾篇章的顺序，"未明于前，勿求于后"，强调扎扎实实，一步一步推进。

（二）熟读精思

朱熹指出："大抵观书，先须熟读，使其言皆若出于吾之口，继以精思，使其意皆若出于吾之心，然后可以有得尔。"所谓熟读，就是要把书本背得烂熟。所谓精思，即是涵泳篇章，反复寻绎文义。为此，朱熹强调，读书有三到，即心到、眼到、口到。

（三）虚心涵泳

读书必须以虔诚虚心的态度去领会圣贤的用心和寓意，不能有半点的主观臆断或随意发挥。以客观的态度，还原书的本来面目，并不执着己见，不好高务奇、穿凿立异。"读书须是虚心，方得。圣贤说一字是一字。自家只平着心去秤他，都使不得一毫杜撰。学者看文字，不必自立说，只记前贤与诸家说便了。今人读书，多是心下先有个意思了，却将圣贤言语来凑他的意思，其有不合，便穿凿之便合。"

（四）切己体察

所谓切己体察，就是读书时，使书中道理与自己经验或生活结合起来，以书中道理去指导自己的实践，落实到提高自身修养上来。就是"须要将圣贤言语，体之于身"。

（五）着紧用力

所谓着紧用力，就是以刚毅勇猛的精神去读书，以坚持到底而不懈怠的精神去读书。正如朱熹所言："宽着期限，紧着课程。""撑上水船，一篙不可缓。"

（六）居敬持志

朱熹视此为读书的"致精之本"。他认为，读书的关键在于学者的志向和良好的心态。"居敬"的意思是兢兢业业、诚心诚意、严肃认真与精神专一的态度。"持志"的意思是树立一个具体目标，坚定志向。朱熹说："立志不定，如何读书？"为此，朱熹的讲学堂名为"居敬堂"，寓意"循序渐进，居敬持志"的教学宗旨。

四、师范教育中教师教学观

朱熹一生从事教育活动四十余年，就是在他为官的近十年时间中，每到一处，除处理政务外，他的业余时间都在进行教育活动，并亲自讲学。他在白鹿洞书院，培养了一大批学生，形成了自己的学派。《朱子年谱》云："先生穷日之力，治郡事甚劳，夜则与诸生讲论，随问而答，略无倦色，多训以切己务实，毋厌卑近而慕高远，恳恻至到，闻者感动。"也可以说在他长期的教育活动中，积累了丰富的教学经验与方法。他认为，办任何事情，都有一定的原则和方法，因而教师和弟子要有教学的原则和方法，如果没有教学的方法就难以进行。正因为他本身重视教学工作，所以对教学经验的论述是十分丰富的。

（一）主动和适时启发相结合

朱熹继承儒家的传统教学原则，强调"不愤不启，不悱不发"，要给予学生适时切要的启发。他认为："读书是自家读书，为学是自家为学，不干别人一线事，别人助自家不得。""道不能安坐等其自到，只待别人理会，来放自家口里。"他在这里说明的是：一方面，学习是自己的事情，必须靠自己努力。学生不要轻易指望教师的点拨和传授，必须先动脑筋，自求自得，能通过自思而通，教师决不主动施教，只有学生百思不得其解，教师才给以有分寸的解答。他说："愤者，心求通而未得之意；悱者，口欲言而未能之貌。"也就是让问题通而不透，正如他自己说的："此正所谓时雨之化。譬如种植之物，力随分已加。但正当那时节，欲发生来发生之际，却欠了些小雨，忽然得这些小雨来，生意启可御也。"不愤不启，不悱不发，通过启发引导，调动积极性，愤然发之，问题就豁然开朗了。因而他说："指引者，师之功也。"另一方面，别人不可能把学问塞进你的脑中，只有自主学习才能学到知识。他说："某此间讲说时少，践履时多。事事都用你自去理会，自去体察，自去涵养。书用你自去读，道理用你自去究索，某只是做得个引路的人，做得个证明的人，有疑难处一同商量而已。"他正确阐述了教师教的方法，只做个"引路人"，对学生给予必要而适当的讲授指点，并加以引导；遇到困难时，共同研究探讨；在适当的阶段结束时，对学生得到的认识和成效加以检查，给予正当的评价和裁断，以证明学生的学习是否正确。

朱熹认为，教师还要通过教学，启发学生认识问题、提出问题，而且要达到"读书无疑者，须教有疑，有疑者，却要无疑，到这里方是长进"，因为有疑才会有思，而有思才会使有疑者变无疑。在教学中，教和学双方都具有积极性和主动性，学生的进步必然会加快，成果也会巩固。这个方法，在现今也是富有价值的，这也是朱熹教学的一个特点。

（二）循序渐进

教学有秩，不可躐等，是朱熹十分重视的又一教学原则。他说："君子教人有序，先传以小者近者，后传以远者大者。""事有大小，理无大小，故教人有秩而不可躐等。"教人有序也就是要循序渐进，不能随意混乱。他说："学者自强不息，则积少成多；中道而止，则前功尽弃。"朱熹说："学不可躐等，不可草率，徒费心力，须依次序，如法理会，一经通熟，他书亦易看。"他甚至要求学生也制订出学习计划，由易而难，由近而远，"日日依此积累功夫"，方为有益。

（三）因材施教

朱熹继承和发展了"因材施教"有教学方法。他在《论语注释》中说："目其所长，分为四科，孔子教人，各因其材，于此可见。"后在《孟子集注》中注释说："此各因其所长而教之者也。"又说："圣贤施教，各因其材，小以小成，大以大成，无弃人也。"他把这种"因材施教"的方法，比喻为草木之生，如得及时之雨，"草木之生，播种封植，人力已至而未能自化。所少者，雨露之滋耳，及此时而雨之则其化速矣，教人之妙，亦犹是也。"他不仅称赞这一原则，而且实施发展了这一原则，在他的大学教学计划中，专设了时务门类，分四大科，历史类也设有四大科，使弟子们能"各因其长而教之"。这一原则为后世教育家重视，在教学中长期运用。

（四）博学与专精相结合

朱熹主张博学，又强调在博学基础之上的专精。他说："博学谓天地万物之理，修己治人之方，皆所当学。然亦各有次序，学以其大而急者为先，不可杂而无统也。"所谓博学，就是关于自然和社会的知识都应当学习，但要分轻重缓急，有次序有系统地学习，不可失之杂乱。"为学治己治人，有多少事如天文、地理、礼乐制度、军旅、刑法，皆是着实有用之事业，无非自己本分内事。"他又说："大而天地阴阳，细而昆虫草木，皆当理会，一物不理会，这时便缺此一物之理。……须是开阔，方是拓展。"从这里可以看出，朱熹的视野是开阔的，他不仅要求人们知草木昆虫、天下万物之理，而且要求人们学习掌握各种时务学问，为成事立业之用。博学也是这样，是为学识求专求精奠基的。

朱熹认为在为学中，学必须重视专精，必须在广博的基础上专精，博专结合，才能更好地修身穷理，将知识融会领悟适得其用。他认为："贵专而不贵博。盖惟专为能知其意而得其用，徒博则反苦于杂乱浅略而无所得。"专比博重要，因为博的知识杂乱、浅略，缺乏系统性、规律性，难以致用。只有专门的知识和技能，才能发挥其实用价值。归纳起来，这句话是两个意思，一是博的基础上探求义理的专精；二是专而求博，即根据自己的爱好和志向选取专一的门类学科，在专的前提下求博，互为作用。

（五）实践出真知

学问之道，贵在实行，这是儒家的传统思想，朱熹很重视这一原则。《立教》言："徒明不行，则明无所有，空明而已；徒行不明，则行无所问，冥行而已。"朱熹认为："致知、力行，用功不可偏。偏过一边，则一边受病。"言行一致是知行结合的具体要求。所以知行应该是并进的，不可偏重或偏废。如果从发生的时间上说，致知在先，力行在后；但从道德修养的重要性上说，致知为轻，力行为重。"论先后，当以致知为先；论轻重，当以力行为重。"朱熹说："致知力行，二者不可偏废。但只要分先后轻重。知行常相须，如目无足不行，足无目不见。论先后，知为先，论轻重，行为重。"朱嘉认为，人必须先了解什么是理，才能在行为上有符合理的行动。也只有履行了符合理的事情，才是真正的知。如果没有知，就像走路时没有眼睛，便不可辨明方向；如果没有行，就是空有一双明亮的眼睛看到了前方的目标，没有脚就无法到达。"格物致知"是知，那么"修身治国平天下"就是行。没有"穷理"的知,人的道德实践就是一种盲目的行为;没有"治国平天下"的行,人的知也就是一句空话。所以朱熹说:"知与行须是齐头做,方能相互发。"他强调的是人有了知识,必须注意重践履实行,学以致用,不要束之高阁;同时指出,行要有知识,以知为先导,有的放矢,行才能不出谬误。他还举例说:"目无足不行,足无目不见。"他用这样浅显的事例说明了知与行相互的辩证关系。不仅如此,他还说:"方其知之,而行未及之,则知尚浅;既亲历其域,则知益明,非前日之意味。"他认为知通过行的践履,还能加深认识,检验知的正确性,经过实践检验的知识,那才是真知。

五、重视德行的师范道德观

道德教育是理学教育的核心,也是朱熹教育思想的重要内容。朱熹十分重视道德教育,主张将道德教育放在教育工作的首位。他说:"德行之于人大矣,然其实则皆人性所固有,人道所当为;以其得之于心,故谓之德,以其行之于身,故谓之行,非固有所作为增益,而欲为观听之美也。士诚知用力于此,则不唯可以修身,而推之可以治人,又可以及夫天下国家。故古之教者,莫不以是为先。"意思就是说德行对人有重大意义,可以修身,还可以推而广之去治人、治国。

(一)立志

朱熹认为,志是心之所向,对人成长至关重要。"问为学功夫,以何为先?曰:亦不过如前所说,专在人自立职。"立志就是立定学习之目的,他说:"立志不定,如何读书?"学习的目的未定,一切学业都无着力处。他又说:"书不记,熟读可记;义不精,细思可精;惟有志不立,真是无着力处。"所以他认为,会背诵的文章,反复诵读就可以记住;不能深知的道理,细细思考就可以有所领悟;但是唯有那些不立志的,根本就没有什么办法可以挽救。这就告诉我们:立志对于成才来说意义重大,只有立志,才能成就一番事业。如果一个人没有志向,那么即使力气再大,也难以成大事。

(二)居敬

朱熹经常教育学者,为学必须"居敬"。他说:"敬字功夫,乃圣门第一义,彻头彻尾,不可顷刻间断。"还说:"敬之一字,圣学之所以成始而成终者也。为小学者不由乎此,固无以涵养本原,而谨夫洒扫应对进退之节与夫六艺之教。为大学者不由乎此,亦无以开发聪明,进德修业,而致夫明德新民之功也。"由此可见,"居敬"是朱熹重要的道德修养方法。所以朱熹认为,"敬"是不放肆的态度;"敬"是收敛,把放荡不羁的心情收敛起来,做到"内无妄思,外无妄动。小至于洒扫应对,大至于进德修业,都心持敬心,谨守礼法,才能善始善终，学有所成"。"居敬"的道德思想，表现了他的理学教育思想特点。

（三）存养

所谓"存养"，就是收敛身心，时刻注意把无有不差的"心"，存养起来，使精神非常专一地集中在学业上，修身养性。他说："如今要下工夫，且须端庄存养，独观昭旷之原。"从另一方面来说，"存养"又是为了不使本心丧失。"圣贤千言万语，只要人不失其本心。""心若不存，一身便无主宰。"所以，"存养"的关键：一是独自静心净意地养；二是要去物欲心，存义理而不忘。所以朱熹说："学者为学，未问真知与力行，且要收拾此心，令有个顿放处。若收敛都在义理上安顿，无许多胡思乱想，则久久自於物欲上轻，於义理上重。"可见他把"存养"和"穷理"联系起来，"存养"的真义和目的就在于去欲明理。

（四）省察

"省"是反省，"察"是检查清楚，所谓"省察"，就是要求学生对自己的人欲之私，时刻保持警惕。朱熹认为一个人要做到修养自身道德，就应当"无时不省察"。正如"凡人之心，不存则亡，而无不存不亡之时。故一息之倾，不加提省之力，则沦于亡而不自觉。天下之事，不是则非，而无不是不非之处。故一事之微，不加精察之功，则陷于恶而不自知"。尤其是当人欲之私意在"将发之际"，要进行反省和检查，将其抑止，扑灭在发生之前；私欲在"已发之后"还必须"省察"，是为了总结经验教训，知道错之所在，以戒未来。省察自己，时时警觉，唤醒自己，主宰自己，收其放心，使专于一。把违反天理的言行排除掉，让天理始终在头脑中昭著。

案例阅读

白鹿洞书院学规

父子有亲，君臣有义，夫妇有别，长幼有序，朋友有信。

右五教之目。尧舜使契为司徒，敬敷五教，即此是也。学者学此而已，而其所以学之之序，亦有五焉，其别如左：

博学之，审问之，慎思之，明辨之，笃行之。

右为学之序。学、问、思、辨，四者所以穷理也。若夫笃行之事，则自修身以至于处事接物，亦各有要，其别如左：

言忠信，行笃敬，惩忿窒欲，迁善改过。

右修身之要。

正其义不谋其利，明其道不计其功。

右处事之要。

己所不欲，勿施于人。行有不得，反求诸己。

右接物之要。

熹窃观古昔圣贤所以教人为学之意,莫非使之讲明义理,以修其身,然后推以及人,非徒欲其务记览、为词章,以钓声名、取利禄而已也。今人之为学者,则既反是矣。然圣贤所以教人之法,具存于经。有志之士,固当熟读深思而问辨之。苟知其理之当然,而责其身以必然,则夫规矩禁防之具,岂待他人设之而后有所持循哉!近世于学有规,其待学者为已浅矣,而其为法又未必古人之意也。故今不复以施于此堂,而特取凡圣贤所以教人为学之大端,条列如右而揭之楣间。诸君其相与讲明遵守而责之于身焉,则夫思虑云为之际,其所以戒谨而恐惧者,必有严于彼者矣。其有不然,而或出于此言之所弃,则彼所谓规者,必将取之,固不得而略也。诸君其亦念之哉!

综上所述,朱熹是中国古代教育史上的一个大教育家,他的教育活动和教育思想,极大地丰富和充实了我国古代教育宝库,对我国封建社会后期教育的发展曾产生重大影响。认真研究朱熹师范教育活动和师范教育思想,有利于理解宋、元、明、清时期师范教育思想的发展。

拓展阅读

[1] 吴芳. 中华教育家思想研究 [M]. 武汉:武汉大学出版社,1992.
[2] 赵显圭. 朱熹人文教育思想研究 [M]. 台北:文津出版社,1998.
[3] 孙培青. 中国教育史 [M]. 上海:华东师范大学出版社,1992.
[4] 张立文. 朱熹思想研究 [M]. 北京:中国社会科学出版社,2001.
[5] 张立文. 朱熹评传 [M]. 南京:南京大学出版社,2011.
[6] 姚进生. 朱熹道德教育思想论稿 [M]. 厦门:厦门大学出版社,2013.
[7] 陈国代,姚进生,张品端. 大教育家朱熹:朱熹的教育历程与思想研究 [M]. 北京:中国社会科学出版社,2010.
[8] 姜春颖,赵亮. 朱熹教育思想研究 [M]. 太原:山西人民出版社,2020.
[9] 陈晓杰. 朱熹思想诠释的多重可能性及其展开 [M]. 上海:商务印书馆,2020.

第八章
王夫之师范教育思想

王夫之（公元1619年—1692年），字而农，号姜斋，湖南衡阳人。因晚年隐居于石船山，后人称他为船山先生。由于学习勤奋，成绩优异，被视为小神童。王夫之七岁就读完《十三经》，十四岁时中秀才，十六岁"始学为诗"，十九岁跟叔父王廷聘读史，研习诗歌，二十四岁与大哥同时中举。

青年时代的王夫之不仅勤奋好学，且关心国家、民族命运。崇祯十二年（公元1639年），他与郭凤跹、管嗣裘、文之勇等组织"匡社"，立志匡时救国。顺治五年（公元1648年），王夫之与夏汝弼、管嗣裘、僧性翰在南岳方广寺举行武装抗清起义，后战败。辗转至肇庆的永历集团。后因反对大学士王化澄徇私枉法、排斥异己，而遭迫害，被迫弃官归里。此后从事学术研究和授徒讲学，前后长达40年之久。

在学术和教育上，王夫之著书立说，授徒讲学，还给及门弟子讲解《庄学》，运用唯物主义观点教育弟子。此后，他"体羸多病，腕不胜砚，指不胜笔，犹时置楮墨于卧榻之旁，力疾而纂注"。他相继完成了《老子衍》《礼记章句》《庄子解》《说文广义》《经义》《读通鉴论》《宋论》《张子正蒙注》等一大批著作的写作与编辑工作。王夫之还注意把学术研究与授徒讲学紧密结合在一起，有些著作为"授徒"而写，如《礼记章句》等；有些是在教学生的"口授讲章"基础上整理而成的，如《春秋家说》等。他作为明末清初的思想家，与顾炎武、黄宗羲、唐甄并称"明末清初四大启蒙思想家"。

一、成身成性的师范教育目标

先前儒学家多数认为理想人格的核心内容在于"仁"，这样师范教育的目标就是培养"仁人""圣人"。王夫之继承并弘扬了这一思想，他把理想人格视为"成身"与"成性"的统一，教师要培养"成身成性"的人。

"成身"，主要指使人的身体得到健康的发展，形成强健的体魄。王夫之认为，师范教育所要培养的人，并不是不食人间烟火的圣人，而是有血有肉、有欲有情的活生生的人。他说"圣人有欲"，意思是圣人也是有欲望的，与凡人的不同之处在于"其欲为天之理"，即其欲皆合理。他还说："货色之好，性之情也……性之情者，性所有也。"认为情也是性的表现，本无善恶之分，只要合理引导，完全可以实现"循情定性"。因此，王船山认为师范教育的目标之一就是要从身体锻炼和心理素质两方面出发，培养有情有欲、拥有强健体魄的人。

"成性"，就是运用知识来不断地充实头脑，通过学习礼来约束个体行为，保持人之所以为人的各种特性和情感，并使自己日渐远离原始的动物之性。他说："成性者，此一阴一阳健顺知能之道，成乎人而为性，则知以致知，礼以敦行，固其性之本有也。"从这里可以看出，王夫之对"成性"的理解是人要不断地掌握知识，通过深入对客观事物的道理、规律的认识，使自身具有良好的品性。由此可见，正如学生应以"学"为主，渊博的知识对一个人是多么的重要，学生通过将学到的知识转化为自身素质能力，塑造自己的人文精神和文化品质。

二、进善自悟的师生教学观

王夫之认为，教学是教师和学生共同活动的过程，在这个过程中，教师居于主导地位，善教、乐施的教师，必有善学、乐受的学生。他提出"善教育者必有善学者，而后其教之益大""施者不吝施，受者乐得其受"，在教学活动中，教师只是向学生指明如何"进善"，而"进善"的实现，则依靠学生的"自悟"。他指出"教者但能示以所进之善，而进之功，在人之自悟"，就是说，教学是在教师指导下学生自觉学习的过程。

（一）尚志立志，志诚心一

王夫之和古之学者一样，主张为学之士当以尚志立志为先。他认为"志定而学乃益"，如果随时而游移其志，即会"大以蚀其心思，而小荒其岁月"，实际上也就等于无志，无志则事何以成？他认为，对于一个人来说，立志不立志，结果是大不一样的。他说："志立则学思从之，故才日益而聪明日盛，成乎富有；志之盛则气从其志，以不倦而自新。志之笃，则气从其志以不倦而日新。盖言学者德业之始终，一以志为大小久暂之区量。故《大学》教人，必以知止为始，孔子之圣，唯志学之异于人也。"古往今来者都如此，一个人德业之始终，往往以其志为决定性的因素，或曰以志之大小为转移。所以，他主张为学要立大志，他说："学者之识量皆因乎其志，志不大则不深，志不深则不大。盖所期者小，则可以浮游而有得，心无沈潜之识。所求者浅，则可以苟且自居，心无高明之量。"他主张要学为圣贤大丈夫和豪杰。志立而心之所向，则会志诚心一。

王夫之不仅要求学者要立志，同时要求作为教学者的教师要注意"正其志"。立志是学者内在的主观意向，这是主要的，但还需要教师的指导和培育，他说:"善教人者,乐以至善以亟正其志,志正,则意虽不立,可因事以裁成之。"意思就是说善于教导他人的人,用自己的行为为榜样,来纠正其他人不正确的志向。志向端正,即使意气还不定,也可以在日常行为中纠正它。

(二) 施之有序,先后贯通

王夫之指出,事和理都有序,人的能力也是逐步发展的,因此教学也应该有序进行,即"施之有序",就是说教学既要循序渐进,不速成,不躐等,又要恒守不息,不间断地奋发前行。他认为,"有序"有两方面内涵,一是指事理之序,教学要按顺序进行,这是客观方面;二是为学之序,是主观方面,主观和客观也要有机地结合起来,这样教学就可"因其序则或使之易"。因此王夫之提出了他的教学五步骤说。他说:"于事有大小精粗之分,于理有大小精粗之分,乃于大小精粗之分而又有大小精粗之合。事理之各序志分为四:一、事之粗小;二、事之精大;三、粗小之理;四、精大之理。与理之合一者为五(粗小之理即精大之理),此事理之序也。始教之以粗小之事,继教之以粗小之理,继教之以精大之事,继教之以精大之理,而终以大小精粗理之合一。此立教之序亦有五焉,而学者因以上达矣。"意思是第一步是教粗小的事,如洒扫、应对;第二步是教粗小的理,如洒扫、应对之理;第三步是教精大之事,如正心、诚意、修身、齐家、治国、平天下等;第四步是教精大之理,如正心、诚意、修身、齐家、治国、平天下之理。第五步是将大小精粗的理进行综合和统一。综观上述五步,它们不是割裂的,而是先后贯通的。在学者方面则是由近及远,由低登高,不间断地有序"积渐"而进。

(三) 因人而进,有的放矢

王夫之强调教师在教学中,必须因材施教。他说:"师必因材而授。""因所可施可授而使安习之。"因为学生的个性是各不相同的,"质有不齐",有刚有柔,有敏有钝;"质量不齐",有大有小;德性不同,有优有劣;知识不等,有多有少。教育则要顺应学生的个性去施教,偏高偏低都会影响教学效果。他说:"君子之教,因人而进之,有其不齐之训焉。……有如其质,则中人也,而笃志力行,克尽乎'下学'之事,则自中人而上矣;于是而语之以上,虽未得闻言而解,而疑信相参之际,可因所疑而决所信,可以语矣。如其质优中人也,而志之不笃,行之不力,且浸淫乎流俗之为,则成乎中人以下矣,如是而语之以上,不特范然罔觉,而真枉不别之心,且将窃其真以文其妄。"正因为要"因材施教",所以教师在实际活动中应采取不同的教学方法。他说:"顺其所易,矫其所难,成其美,变其恶,教非一也,理一也,从人者异耳。"就是说,虽然具体教学方法各不相同,但道理是一样的,就是因人而异。

同时他也说"必知其人德性之长而利导之,尤必知其人气质之偏而变化之"，因而需要深入了解学生，"始则视其质，继则问其志，又进而观其所勉与其所至，而分量殊焉"，教师可以通过平时考察学生的品质、询问他的志向、观察他的行为等途径了解学生的特点，然后才能有的放矢地施教。教师如果不能按照不同学生的特质来教导他们，他们就不能理解和接受，就不可能有好的效果。因而，王夫之主张对学生暂且"纳之于轨物之内"，使其生活和学习有正常秩序，步入正常轨道，然后再讲授学生能够接受的知识。

（四）学思结合，互相补充

王夫之指出，学生获得知识的途径有两条，即重视学与思结合的教学。他认为，学与思要互相结合，互相补充，互相依赖。他说："致知之途有二：曰学，曰思。学则不恃己之聪明，而一唯先觉之是效。思不徇于古人之陈迹，而任吾警悟之灵。……学于古而法则具在，乃度之于吾心，其理果尽于言中乎？抑有未尽而可深求者也？则思不容不审也。尽吾心以测度其理，乃印之于古人，其道果可据为典常乎？抑未可据而懊裁成者也？则学不博矣？……学非有碍于思，而学愈博则思愈远，思正有功于学，而思之困则学必勤。"在此，他深刻阐述了学与思的原则方法，指出了两者相互依存的要旨。意思是说，学习必须虚心，要尽量吸收前人的宝贵经验，以丰富自己的学识；思则不应墨守古人的陈规，要敢于独立思考，充分发挥自己的聪明才智。在学和思的关系上，他认为两者不可偏废，必须紧密结合。学习时，不要自恃己之聪明才智，只有心向先觉者学习才能得益；而思则不必完全遵循古人的思绪和见解，要靠自己的深思熟虑所得。所以，学不但不妨碍思，而且学得愈广博，思虑也就愈能深远。因而思恰恰是有助于学的。总之，两者必须相互结合，互相补充，互为作用，才能使学习日益取得进展。与此同时，还应该看到，王夫之学思并重的思想，还可使那些"钝固之士"和"敏断之士"免于偏颇。他所说"学愈博则思愈远""思之困则学必勤"，是对学思关系的卓越总结，可谓至理名言。

三、正言正行正教的教师观

王夫之重视教师在教育过程中的主导作用，对于"教者之事"，即为师之道提出明确的要求，主要表现在以下方面。

首先，王夫之认为，"经纶草昧，太虚不贷于云雷。丽泽讲习，君子，必恒其教事"。王夫之认为，教师对待教育工作，应该像园丁精心培育花卉，农夫辛勤耕耘土地一样，要孜孜不倦、坚持不懈，同时要求教师应该热爱教育事业，乐于精心培育学生。

其次，王夫之认为："欲明人者先自明"。教师的责任在于向学生传授知识，讲明道理。只有教师自己具有渊博的知识，深刻体会道理，才能胜任教育工作。怎样才算是"自明"呢？他指出："夫欲使人能悉知之，能决信之，能率行之，必昭昭然知其当然，知其所以然，由来不昧而条理不迷。贤者于此，必先穷理格物以致其知，本末精粗晓然具著于心目，然后垂之以教，随人之深浅而使之率喻于道，所以遵其教，听其言，皆去所疑，而可以见于行，……欲明人者先自明，博学详说之功，其可不自勉乎。"王夫之对教师"自明"的要求，不但在当时有重要意义，就是在今天也有很高的参考价值。

最后，王夫之认为，教师要"正言、正行、正教"。王夫之非常重视教师自身的道德行为在教育活动中对学生所产生的影响，称之为"起化之原"。他指出"立教有本，躬行为起化之原；谨教有术，正道为渐摩之益""师弟子者以道相交而为人伦之一。故言必正言，行必正行，教必正教，相扶以正，义定而情自合。……故欲正天下之人心须顺天下之师受"。教师和学生因传道受业在道义上结合在一起，教师负有正"人心"的重要使命，关系着整个社会的人心道德，而绝非可有可无者。因此，教师必须修身"躬行"，以身作则，在教学和道德行为上做学生的榜样。"躬行"就是"身教"。"躬行"是陶冶教育学生的根本，是"不言之教"，即所谓"身教重于言教"，也就是"圣人有独至，不言而化成"。这种感化之教，不言化成，使学生"自生其心"，这不但在道德教育上具有极重要的意义，而且对知识教育，甚至对学生终身都有深远影响。

由此可知，王夫之要求教师热爱教育工作，具有广博的知识，能为人师表，这是他长期从事教育工作的经验总结，这些师范教育思想至今仍有重要的现实指导意义。

拓展阅读

[1] 李国钧. 王船山教育思想初探 [M]. 北京：人民教育出版社，1984.

[2] 吴芳. 中华教育家思想研究 [M]. 武汉：武汉大学出版社，1992.

[3] 孙培青. 中国教育史 [M]. 上海：华东师范大学出版社，1992.

[4] 萧萐父，许苏民. 王夫之评传 [M]. 南京：南京大学出版社，2011.

[5] 周玉衡. 传统文化与教师教育 [M]. 上海：复旦大学出版社，2013.

[6] 王夫之. 王船山语要 [M]. 黄守愚，编. 北京：民主与建设出版社，2019.

[7] 蔡尚思. 王船山思想体系 [M]. 上海：上海人民出版社，2019.

[8] 田丰. 王船山体用思想研究 [M]. 北京：中国人民大学出版社，2020.

第九章
张之洞师范教育思想

张之洞（公元1837年—1909年），字孝达，号香涛，直隶南皮（今河北南皮）人，是清末大官僚、洋务派的后期首领。他一生从政40余年，热衷教育，重视兴学育才，善于通权达变，勇于改革中国近代教育；他还撰写了教育论著，如《书目答问》和《劝学篇》。他既是中国近代史上著名的政治家、军事家、实业家，也是一位既有教学理论又有办学实践的教育家。他的教育思想积极地推动了中国近代教育的发展，师范教育思想是张之洞教育思想的重要组成部分，张之洞为中国近代师范教育的发展做出了重要贡献。

张之洞重视兴学育才，把兴革教育作为一项重要事业。张之洞于1903年奉旨进京与学务大臣共议重修学堂章程，重修后的学堂章程不仅成为中国历史上第一个由政府颁发并付诸实施的近代学制，而且首次形成独立的师范教育制度。《奏定学堂章程》奠定了中国近代师范教育的基础，促进了中国近代师范教育的发展，加速了中国教育近代化的进程。1901年，张之洞在湖北督署设立了全国第一个学务处，既管理普通教育，也管理师范教育，是中国近代教育史上第一个师范教育行政管理机构。他在湖北大力兴办师范学堂，师范教育的兴办为湖北的各级学堂提供了必要的师资力量，为全面推广新式教育奠定了坚实的基础，湖北也在全国率先迈进了教育近代化的行列。

张之洞在担任学官时，试图整顿传统教育，大力兴学，创办或整顿书院，提倡实学，以培养经世致用的人才。1881年，张之洞出任封疆大吏，他进行的第一要务便是兴教劝学，但随后关注到左宗棠、李鸿章等人学习西方，兴办洋务，张之洞也对西学产生浓厚兴趣，开始重视洋务教育。于是，张之洞一方面开始试办洋务学堂，另一方面继续整顿传统书院，并深刻认识到效仿西学、办洋务强军备的重要性，产生"非效西法图富强无以保中国，无以保中国即无以保名教"的主张。由此，张之洞在"效西法图富强"以便"保中国"进而"保名教"的基本思路指导下，开始大举办洋务、创实业、兴教育。此时，他认为发展洋务教育、培养实用人才是当务之急。然而，随着甲午中日战争的失败，洋务运动也宣告失败，中国的民族危机空前严重。在这种刺激下，国内人士关注到日本明治维新的成功，于是效仿日本开展维新变法，张之洞也认识到教育是变革社会、挽救国家危亡的重要工具，因此下决心致力于教育，提出"古来世运之明晦，人才之盛衰，其表在政，其里在学"的主张。

张之洞在《劝学篇》中提倡"中学为体，西学为用"，并指出"西国之强，强以学校"。他认为，西方国家人才兴盛的原因在于建立起三级国民教育体制，广设学校，大量培养人才。因此，张之洞提议在国内建立大学、中学、小学三级相互衔接的教育体制，普及国民教育。要大力兴学，就需要大量新式学堂师资，当时的学堂师资水平低，难以符合新式学堂的要求，因此，张之洞开始重视师范教育在教育体系中的基础地位，把兴办师范学堂当作振兴教育的第一要义。

一、师范教育为教育之基础

在整个教育思想体系中，师范教育思想占据着重要的地位。张之洞认为，振兴教育的前提是广储师资。师范教育是学校兴盛的关键因素，各地开办学堂，良好的师资可以保障课程的实施和学堂的有效管理，普及国民教育就要大力发展小学，而要想小学教育发展得好，首先从培养师资开始。在1902年的《筹定学堂规模次第兴办折》中，张之洞列举了15条兴学育才的方法，并把"师范学堂"列为首条，明确指出"查各国中小学教员，咸取材于师范学堂，故师范学堂为教育造端之地，关系至重"。

张之洞提出"振兴教育，必先广储师资；师资不敷，学校何以兴盛"的主张，确立了师范教育在教育体系中的基础地位。他认为，各国中小学教员都来自师范学堂，师范教育为"各项学堂之本源，兴学入手之第一义"。1904年，张之洞主持制定学制，以"中学为体，西学为用"为指导思想完成《奏定学堂章程》（即癸卯学制）。癸卯学制是中国历史上第一个由政府颁布并得到实施的近代学制，其中《优级师范学堂章程》《初级师范学堂章程》《实业教员讲习所章程》《任用教员章程》等关于师范教育的章程，均单独设立，自成体系，这样师范教育就有了独立的系统。因而他提出"办理学堂，首重师范"的论断，并认为"师范愈多，大学堂亦岂患无师哉"，意思是师范学堂办好了，还能带动整个高等教育的发展。

在创办新式学堂时，张之洞意识到培养师资的重要性。1893年，张之洞创办了自强学堂，最初设四门学科，有方言、格致、算学、商务，之后算学归到两湖书院，由于格致、商务缺乏师资和教材，形同虚设，于是仅有方言一科，自强学堂被办成了外国语学堂。其后，张之洞陆续派遣湖北学生赴日本专程考察学务，学习日本的师范教育制度，开创了清末官方派员专职考察学务的先河。由此可见，张之洞非常重视师范教育。

二、师范学堂为教育之造端

在张之洞的教育思想体系中，要实现教育近代化，就要普及国民教育，而师范教育处于最基础的地位，但是兴办师范教育，必须筹办师范学堂，以培养合格的师资。所以他强调"师范学堂为教育造端之地，尤为重要，师范学堂应在筹办小学前先普通学堂分设"。因此，在《奏定学堂章程》的《学务纲要》中提出"宜首先急办师范学堂""学堂必须有师"的观点。这既表明了张之洞对师范教育的独特见解，也反映了他对设立师范学堂、培养师资的高度重视。

清政府颁布《兴学诏书》后，各地纷纷将原府属书院改为中学堂、原州县属书院改为小学堂。湖北地区最先形成了初等、中等、高等的三级普通教育体系。实际上，这些新式学堂缺少合格的新式教师，无法开设新式教育所需的课程，课程大多只是摆设。张之洞批判各府不顾及教育规律，盲目开办中学堂，不求实际。他在札文中称："小学不兴，不但普通实业各中学堂无合格学生，而国民教育亦终无普及之一日。"因此，张之洞提议把中学堂一律暂改为初级师范学堂，或先办速成师范或先办师范传习所。其中速成师范、师范传习所都是效仿日本教育改革的方法，目的是利用最短的时间培训出合格的小学教师，主要的教育手段是对新式学堂的教师进行职后培训，从而能尽快胜任小学教学的任务。

1902年，为进一步满足广设中小学堂师资所需，张之洞尝试在湖北设立独立师范学校，并选派两湖学院和经心书院的学生赴日本考察师范教育。同年5月，张之洞在武昌正式开办湖北师范学堂，这是我国近代教育史上最早的独立完备的师范学校。学堂以两湖书院优等毕业生陈毅和胡钧为堂长，又聘日本师范教员一人为总教习。课程除普通中学堂所开设的专业以外，另加师范专业必修的教育学、卫生学、教授法、学校管理法等。日课时为8小时，专门培养中小学教师，学生定额为120名，学制两到三年。为应付师资急需，又设速成科，一年毕业，取品学兼优的生员入校学习。并在学堂旁设东路小学堂为附属，作为师范学生实习之地。

张之洞署理两江总督时，所辖江苏、安徽、江西三省各府州县，因广泛兴办中小学堂，需要大量教师，但是如果教师未经师范毕业，不懂得新式教育理论，不讲求教学及管理方法，则不能胜任中小学堂的教学。因而"惟有专力大举先办一大师范学堂，以为学务全局之纲领，则目前之致力甚约，而日后之发展甚广"。随即他将江南高等学堂改为宁属师范学堂，并开始筹办三江师范学堂。同时，张之洞又派缪荃孙、徐乃昌、柳诒徵等八人赴日考察教育，学习日本师范教育成功经验并用于三江师范学堂的建设发展。1903年2月，张之洞提请《创建三江师范学堂折》，正式奏请创建三江师范学堂。他再次开宗明义地重申了"师范学堂为教育造端之地，关系尤为重要"的观点，强调兴办教育，必须"扼要探源"，把握先后次序，专力大举师范学堂，计划借三江师范学堂解决三江地区中学堂的师资问题，初定学额为江苏 500 名、安徽 200 名、江西 200 名，共 900 名。又附设小学堂一所，定学额为 200 名。师范生第一年拟先招 600 名，三年后再陆续招足原定数额。前三年培养教小学堂的师范生，分一年、二年速成科及三年本科，学成后派赴各州县充任小学堂教员。学四年的则为高等师范本科，毕业后选派为中学堂教员。学校选拔师资十分严格，对各地推荐的考试合格者，须再培训后才能任用。

张之洞身体力行先后创办了 10 多所师范学堂：1902 年于武昌创办湖北师范学堂；1904 年于武昌兴办湖北师范传习所；1904 年又将两湖文高等学堂改建为两湖总师范学堂；1905 年将湖北各地中学堂一律改为初级师范学堂或师范讲习所，1906 年又创办湖北女子师范学堂。在办学实践中，他的师范教育思想不断趋于成熟。

三、独立设置师范教育系统

1903 年，张之洞奉旨与学务大臣张百熙、荣庆等共议、重修学堂章程。此章程虽名义上由三人拟就，实际上完全出自张之洞一人之手。张之洞制定的《奏定学堂章程》，亦称癸卯学制，力求以国家行政手段来保障师范教育体系独立性。

该章程明确指出师范学堂的任务，"意在使全国中小学堂各有师资，此为学堂本源，兴学入手第一义"。章程包括了《初级师范学堂章程》和《优级师范学堂章程》，在这两个章程中，张之洞对师范学堂的种类、学习年限、课程和生源等做出了详尽的规定。把师范学堂设置为"癸卯学制"中的一个独立系统，并将师范学堂分为初级师范学堂和优级学堂两大类。初级师范学堂培养高等小学和初等小学堂教员，相当于普通中学程度，设完全科和简易科，另设有预科和小学师范讲习所，预科招收普通学力未达高小毕业者，小学师范讲习所招收学力不足的在职小学教员。优级师范学堂培养初级师范学堂和普通中学堂教员和管理员，相当于高等学堂（大学预科）程度，招收初级师范学堂和中学堂毕业生及同等学力者，学制四年。另有一年的加习科，本科毕业后，学生可自愿加习。

在师范学堂的两个类型中，他更注重初级师范学堂，认为初级师范学堂是普及小学教育的前提，规定"每州县必设一所"初级师范学堂。在正规的师范学堂之外，又开办了师范传习所，对一些年龄在二十至五十岁、有一定教学经验、"想在乡村市镇以教授蒙馆为生"的人，或经过省城初级师范学堂简易科学习的优等生等进行短期培训，学习期限为 10 个月，毕业后有资格在各乡村市镇开设小学。

在癸卯学制中，各级各类师范教育相互配套，形成独立的完整体系。初级师范与中学堂平行，相当于现在的师范专科学校，优级师范与高等学堂平行，相当于现在的师范学院或师范大学。此外，还有简易师范科、师范传习所、实业教育讲习科等。由此，张之洞建构了中国师范教育的雏形，使师范教育体系得以独立。

四、全面发展的教师培养观

张之洞较早地在中国教育史上提出了德智体全面发展的教育目的。他考察日本教育，发现"总义以德育、智育、体育为三大端，洵可谓体用兼赅，先后有序"。张之洞在论述德育、智育、体育时，强调"体用兼赅，先后有序"，以德育为体，以智育、体育为用，即以德育为先，重视德育的发展。

在德育方面，张之洞强调师范学堂应将教书与育人紧密结合，既要让学生掌握丰富的文化知识，又要注重加强他们的思想道德修养。德育最为重要的是培养学生的忠君爱国之心，激发爱国志气。师范生将来有教育国民的重任，应当"激发其爱国志气，使之学成后必当勤学诲人，以尽报效国之义务。……必须常以忠孝大义训勉各生，使其趣向端正，心性纯良"。意思是师范生作为未来的教师，他们要对自身言行有着更高的要求，在教学中做到言传身教，以身作则，忠于职守，潜心教学，报效国家。1904年制定的《学务纲要》规定，在学堂中要"以忠孝为敷教之本，以礼法为训俗之方"。张之洞还强调应"砥砺学生志操"，培养学生善良、高明、正义之心，引导学生培养家国情怀，树立利国利民的伟大抱负。

在智育方面，张之洞认为，"人才之贫由于见闻不广，学业不实"，要求学生所掌握的科目内容广泛，新旧兼学，政艺兼学，既要学习四书五经、中国史事政书等"旧学"，又要学习西政、西艺、西史等"新学"。对于师范生，则有特殊要求，张之洞认为师范生应当有较强的语言表达能力，师范学堂要加强语言训练，将组织教学与培养学生的自学能力结合起来，作为师范学堂的学生，除学好课堂教学内容、掌握教材知识外，还应当发挥自己的潜能，不断积累知识，扩充知识面，以便将来能胜任教师工作。他在办理湖北师范学堂时提出"于普通学外另加教育学、卫生学、教授法、学校管理法等科，专为养成中小学堂教习"。因此，张之洞反复强调教师不仅要掌握中西方的文化知识，更要将教育学、心理学、教学法及管理学等纳入师范学堂的专业必修课程，以此来帮助师范生掌握教育规律、提升教育教学专业知识与技能，从而更好地服务于教学。

在体育方面，张之洞将其视为教育"第一桩"，认为强健的身体是成业的基础。他把"身体健全"作为师范学堂招生的一个重要条件。张之洞注重师范学堂的体育发展，规定各级师范学堂都开设体操课，其目的在于使学生掌握基本的体育知识和训练技能，养成锻炼身体的好习惯。他还要求从事学务管理之人考究研求学校卫生学，对酗酒和吸食鸦片等影响身体健康的恶习严令禁止，对有恶习的学生立行斥退，决不宽恕。

另外，在实践能力方面，张之洞认为，作为未来教师的师范生，不仅要学习文化知识，还要加强实践能力培养。在《筹定学堂规模次第兴办折》中，他讲道："湖北现在省城设师范学堂一所，择地城东宾阳门以南，老官庙以东，青草坡地方创建屋宇。以东路小学堂附属其旁，归师范学生教课，以资实验师范课程。"并明确提出在湖北师范学堂附近设立附属小学，作为师范生实习实践基础，主要用来为师范生提升教学实践能力。"附属学堂之设，所以备研究普通教育之成法，以图教育进步，为各普通学堂之模范，且以资本学堂学生之实事练习。"所以张之洞认为要通过各级师范学堂设立附属学校，为师范生提供实习与实训场所，来提升师范生的实践能力。

由此可见，张之洞的教育目的观体现出"中体西用"总体文化观。他在强调传统教育的同时，也明确提出了德智体全面发展的必要性、重要性，具有现代教育思想的意蕴。

五、师范教育课程观和管理观

（一）师范教育课程观

第一，注重专业性，开设教育理论课程。开设教育理论课程是师范教育区别于普通教育的重要标志。张之洞重视师范生对教育理论课程的学习，以提高师范生的专业知识素养。在他开设的师范学堂中，课程既包含普通中学堂所开设的学科，还增加了教育学、卫生学、教授法、学校管理法等科目。1904年颁布的癸卯学制规定，初级师范学堂完全科的课程为12种。优级师范学堂的学科分为三节，第一节为公共科，主修人伦道德等八科；第二节为分类科，即学生分专业学习；第三节是加习科，是根据学生的学业表现以及学生自己的意愿定的选修课程，加习科的学科分为人伦道德、教育学、教育制度、教育政令机关、美学、实验心理学、学校卫生、专科教育、儿童研究、教育演习十科。修加习科者，于此诸科目所选修，须在五科目以上，不得过少；毕业时须使呈出著述论说，以考验其研究所得如何。同时，张之洞也注重对师范生特长的培养，要求师范生"练习官话，以便教授学童，使全国人民语言统一"。由于初入小学的学生一般既不认识字，又不会写字，因而设"习字课"。而随着新式学堂的增多，使用统一语言成为普及教育的必然要求和趋势，于是很有必要在初级师范课程中开设"习字课"和"官话课"。由此可见，在当时的师范学堂里已经开设教育理论课程，并注重师范生的专业性学习。

第二，强调课程内容兼并中西。在开办三江师范学堂和两湖师范学堂时，张之洞聘请日本教员讲授教育学、理化学及图画学各科；选派科举出身的中国教员讲授经学、文学、修身、历史、地理、习字、算学及体操各科。并采取日本教员与中国教员互相学习的办法，日本教员向中国教员学中国文学及经学，以便以后可以用汉语授课，中国教员则向日本教员学习日文及理化学、图画学。从中可以看出，师范教育课程内容涉猎广泛，课程内容不局限于传统的经学、文学，还增加了西学课程。此外，癸卯学制规定师范学堂"必勤习洋文"，即开设外语课程，因为"今日时势不通洋文者，与交涉、游历、游学，无不窒碍"。张之洞敢于革新师范教育课程内容，强调中学与西学的结合，所创办的师范教育贯彻了其"中学为体，西学为用"的教育观念。

第三，重视理论学习与社会实践相结合。张之洞认为，一切学术"要其终也，归于有用"。基于此，张之洞强调学习需"讲习与历练兼之"，即理论学习与社会实践相结合。他告诫学生："学以躬行实践为主。"张之洞重视师范生的教育实习，把培养教学实践能力作为培养师资的关键。教育实习是师范生必不可少的一门课程，即把在师范学堂中学到的教育理论知识通过实习运用到实际的教育教学之中。在开办湖北师范学堂时，便在学堂旁设东路小学堂作为附属，成为师范生的教育实习基地。后来在他主持制定的《奏定学堂章程》中规定：初级、高级师范学堂都要有附属小学或中学，以供师范生实习使用。设立附属学校与他所提出的"读书期于明理，明理归于致用"教育观念相一致。因此，张之洞重视课堂理论学习与社会实践的结合，鼓励师范生学以致用，参与教育实习既能够检验理论知识的学习效果，又可以提升教学实践能力。

第四，讲求生动活泼的课程教学方法。张之洞认为，中小学堂教员要讲求教授之法、管理之法，这样才能真正普及教育，传播新知。在课程教学方法上，张之洞主张生动活泼的课程教学方法，教师应当营造轻松愉快的教学氛围，并且反对加重学生的负担；课堂上，教师要善于启发诱导，注重开发学生的思维，引导学生举一反三，归纳总结，培养学生的学习迁移能力；在学习方法上，他提倡学生相互切磋交流，遇到疑难问题共同探讨，开展合作学习，因为"经史繁重者，一人翻之，则畏难而自废同力检之则多得，疑义难解者，独坐冥思则窒，诘难推求，谈谐趣妙则通，此友之益，亦师之亚"。

第五，严格课程考核，挂钩毕业去向。张之洞主张师范生毕业时必须经过考试，因为"各堂学生平时虽用积分法，毕业时仍可参用考试法。其文理不优学术不正者，尽可于毕业考试时分别去取"。《奏定各学堂奖励章程》明确规定，优质师范学堂毕业生"考列最优等者，作为举人，以国子监博士尽先选用，并加五品衔，令充中学堂及初级师范学堂教员"；初级师范学堂毕业生"考列最优等者，作为拔贡，以教授尽先选用，并加六品衔，令充高等小学堂教员"，即根据考试等级选拔人才，优等、中等的给予相应教师职位；下等的则"留堂补习一年，再行考试"。张之洞提议采取这种优胜劣汰的考核方法，并与毕业去向挂钩，以提高学生的学习积极性。

(二) 师范教育管理观

张之洞认为，办学要有成效，关键在于管理。在《筹定学堂规模次第兴办折》中，他列举了八条筹办学堂要旨，其中第七条为"求实效"，认为"功课不宜太多，毕业不宜太速。若急于见功，不先多开小学而骤入中学，徒有虚名；不通中学而强入大学，则根抵不清、讲授无序、师劳徒昧、苦而无得、欲速反迟"。因此，在课程设置管理上，张之洞提倡遵循教育规律和儿童身心发展规律来安排课程，教师要循序渐进地教学。

在师范学堂学生管理方面，把师范生优厚待遇与应尽职责结合起来，有利于巩固师范生的专业思想，以及稳定各类教育的师资队伍。师范学堂的学生一般分官费生和私费生两类，前者主要由政府提供学费和生活费，后者由学生个人承担学习与生活费用。在张之洞主持下制定的《初级师范学堂章程》规定："初级师范学堂经费，当就各地筹款备用，师范学生毋庸纳费。"《优级师范学堂章程》规定："公共科及分类科学生在学费用，均以官费支给；惟加习科学生，由分类科毕业生选取者，仍由官给费用。"因而初级师范学堂和优级师范学堂学生中的官费生，一律不需要缴纳任何费用，完全实行师范生公费教育。但是"优级师范学堂分类科毕业生，有效力本省及全国教育职事之义务，其义务年限暂定为六年"。如果不能按照规定服从安排，就要取消其教师任职资格，同时还要"缴还在学时所给学费以示惩罚"。

在师范教育教员管理问题上，张之洞重视教师的师德建设，提倡教师要有良好品质，为人师表，以身作则，为学生树立榜样。同时，重视教师的质量，主张从多种渠道培养师资以提高教学质量。张之洞认为，教育的质量取决于教师的质量，而合格的教员需要经过正规师范训练。关于师范学堂的教师来源，张之洞认为有三种途径：一是聘请外国教员为师，他在创办湖北师范学堂时，就聘请日本教员；二是派人出国学习师范教育，他在湖北推行新式教育之初，就从书院中选派优秀学生赴日本考察学习师范教育；三是创办师范学堂自己培养教师，如优级师范学堂为初级师范学堂提供师资，普通中小学堂的教员由优等初级师范毕业生担任。同时他还认识到师范教育亟须解决的问题，除了创立师范学堂、培养新教师外，还要培训原有教师，即对大量塾师进行改造，由此他创立了我国最早的教师培训机构——湖北师范传习所，开启了旧中国教师在职培训的先河。

在师范教育管理人员方面，张之洞提倡教员与管理员并重，"学堂所重，不仅在教员，尤在有管理学堂之人。必须有明于教授法管理法者实心从事其间，未开办者方易开办，已开办者方能得法；否则成效难期，且滋流弊"。此外，张之洞尊重教师，注意提高教师的待遇。为保证师范学堂的教学质量，聘请了一批知名学者担任教师，并给予优厚待遇。同时，他也重视对师范生的优待，在兴办近代学堂时，为吸引读书人进入师范学堂，规定师范学堂一律免收学费，目的是吸引人才，培养更多的教师。

在师范教育组织管理方面，张之洞的一大创举是设学务处，他在兴革教育、制定学制过程中，深切感到加强学务管理的重要性。由于兴学堂、变科举、改书院、派留学生等，管学事务日趋繁多，而当时并无全国统一管学的组织机构，远远不能适应管理的需要。张之洞从湖北教育改革需要有统一管学机构的实际出发，于1802年4月设立了湖北学务处，从而诞生了中国近代第一个地方的统一管学组织。该学务处设有审计、普通、专门、实业、游学和会计六个科，学务处不仅要负责审定各学堂包括师范学堂的教科书选择、课程制定、堂舍建造、图书和设备经费审核与拨付等职能，而且还要承担中小学堂教师的调配、任用等职责。由此可见，学务处也是管理师范教育的省级教育行政机构，是现代省级教育厅的雏形。

在张之洞的带领下，湖北地区的师范教育得到了规模化的发展。湖北全省师范学堂数量不断增加，教师和学生的规模庞大。在教育目的观上，张之洞重视发展德育，以德育为先，加强思想教育；在师范学堂课程设置上，提倡开设教育理论课程，教学内容兼并中西学，采用生动活泼的教学方法，重视师范生的教育实习，在师范学堂中开设"习字课"和"官话课"，要求师范生具备一些特殊素养，重视师德的培养，强调教师要以身作则、言传身教，重视健康教育，师范生应具备健康的身体和健全的体态等，这些教育观念都为我国当今师范教育的改革与发展提供了诸多有益借鉴，具有一定的现实意义。张之洞的师范教育思想在当时具有一定代表性，对我国师范教育的发展的贡献是不容置疑的。

当然，他对师范教育的认识也有其时代和阶级局限性，他的师范教育思想仍属于封建士大夫的范畴，办学目的在于维护封建统治，有其消极的一面。但从总体上说，他开辟了一条兴办师范的新路，为开创我国近代师范教育奠定了早期思想基础。师范教育经张之洞之手在最短的时间内得到了制度化的确立，师范教育作为一个独立的教育系统开始在中国教育近代化的历程中发挥不可替代的重要作用。可以说，张之洞是中国近代师范教育制度的奠基人、中国近代倡导师范教育的实践者和中国近代师范教育管理的开创者。

拓展阅读

[1] 辜鸿铭. 张文襄幕府纪闻 [M]. 北京：新生报社，1956.
[2] 张之洞. 张文襄公全集 [M]. 北京：中国书店，1990.
[3] 冯天瑜，何晓明. 张之洞评传 [M]. 南京：南京大学出版社，1991.
[4] 陈山榜. 张之洞教育文存 [M]. 北京：人民教育出版社，2008.

[5] 吴剑杰. 中国近代思想家文库：张之洞卷［M］. 北京：中国人民大学出版社，2014.
[6] 赵婧怡. 张之洞教育思想与实践研究［M］. 北京：知识产权出版社，2020.

第十章
梁启超师范教育思想

梁启超（公元1873年—1929年），广东新会人，字卓如，号任公，又号饮冰室主人。清朝光绪年间举人，中国近代思想家、政治家、教育家、史学家、文学家，戊戌变法（百日维新）领袖之一、中国近代维新派、新法家代表人物。幼年时从师学习，八岁学为文，九岁能缀千言，十七岁中举。1890年，入京应试归途中，购得《瀛环志略》，读后眼界大开，后拜康有为为师，深受康有为维新变法思想的影响，次年转入万木草堂学习，万木草堂开设的课堂体系中西兼顾，上下贯通，文理并存，这为梁启超"学贯中西"的博识打下了基础。1896年，梁启超任《时务报》主笔，发表了《变法通议》等作品，其中《论师范》是我国近代教育史上首次以专文论述师范教育的作品。1897年，梁启超受邀来到谭嗣同、黄遵宪等办的湖南时务学堂中担任总教习，宣传变法维新思想。1898年，梁启超赴京，协助康有为组织保国会，并与康有为、谭嗣同等人策划维新运动，同年，梁启超被光绪帝任命办理京师大学堂译书局事务，起草了《奏拟京师大学堂章程》，这是中国近代高等教育最早的学制纲要。1899年，在东京创办《清议报》，1902年创办了《新民丛报》。1912年，辛亥革命后，梁启超从日本回国，先后担任袁世凯政府的内阁司法总长和段祺瑞内阁的财政总长。1917年后，梁启超决心中止政治生涯，专门从事文化教育和学术研究活动。1918年，赴欧洲诸国考察访问，1919年回国之后宣扬西方文明已经破产，主张光大传统文化，并先后在清华大学、南开大学和东南大学等讲学。1925年任清华国学研究院导师，并担任京师图书馆馆长。

在师范教育思想上，梁启超从中国教育改革的客观需要出发，并依据我国自古以来推崇的尊师重道思想，又从教育振兴国家的角度阐述了师范教育的重要性，奠定了近代师范教育思想基础。梁启超是中国近代教育史上首位系统地论述师范教育问题的思想家，他从师范教育的地位、作用、目的和具体课程设置等方面系统阐述了师范教育的重要性，认为师范教育是"群学之基"。在中华民国成立后，他仍然强调要以师范教育为先。梁启超认为，教师必由师范培养，提出建立符合国情的师范教育制度。《论师范》和相关著述中所阐述的师范教育思想，对后世师范教育的发展和实践起到指导作用；建立师范实习管理制度的创举，为后世的具体实践提供理论依据。同时，梁启超推动了师范教育建立与发展。1902年，梁启超独立绘制"教育制度表"，并单独列出师范教育体系，在一定程度上影响了我国近代学制的制定。1904年，癸卯学制中确立了两级师范教育系统，分别是初级师范学堂和优级师范学堂，并设师范讲习所，确立了师范教育在教育系统中的地位。梁启超的师范教育思想影响着后世师范教育的具体实践，如盛宣怀受梁启超师范教育思想的影响，成立了南洋公学师范院，张謇办成了中国第一所中等师范学校——通州师范学校。

一、师范教育为"群学之基"

梁启超撰写并发表了中国近代教育史上首次较为系统地专门论述中国师范教育问题的著作——《变法通议·论师范》，在文中提出"师范学校立，而群学之基悉定"的观点。

（一）批判传统教育

梁启超深刻地认识到"亡而存之，废而举之，愚而智之，弱而强之，条理万端，皆归本与学校"，要想救国，必须发展教育，而要发展教育，首先需要兴建师范教育。梁启超批判当时的传统教育，提出"中国教育落后于西方的根本原因是所设各学堂，所以不能成就人才之故，虽由功课未能如法，教习未能得人，亦由国家科第仕进不出此途，学成而无所用，故高才之人不肯就学"。由于教师没有经过专门的培训，没有掌握教学的方法，教师对学生"导之不以其道，抚之不以其术"，常运用体罚，教师素质不够高，导致"生之教焉学焉于其间者，亦终身盘旋于胯下而不复知有天地之大"。究其原因，一方面是社会上轻视教师这一特殊职业，另一方面是科举制禁锢了人的思想，导致观念落后。传统的学校教育已经成为科举制的附庸，以八股取士，严重禁锢思想，导致人才缺乏。梁启超认为只有立师道，才能兴学校，才能出人才，才能强国家，"救天下之道，莫急于讲学，讲学之道，莫要于得师"。因此，要想改革当前教育，就要设立师范学堂，大力培养师资，发展师范教育。

其次，梁启超对洋务运动中的教育进行深刻分析，洋务派提倡新式教育，开办了一系列学堂，教授"西文"与"西艺"，希望借此培养洋务运动所需人才，结果却以失败告终。梁启超认为，洋务运动中的教育效果不显著的原因在于师资匮乏。洋务学堂中的教师主要有两种，一种是传统科举出身的教师，另一种是聘请外籍教师，且外籍教师占多数。对于前者而言，梁启超通过对当时落后的封建传统教育现状的深入剖析，认为传统教育的病根在于"师道不立""师范不兴"，由于传统科举出身教师自身教之无术，教授出来的学生知识浅薄，目光短浅，难以成为经世致用的人才，后者在语言、教学方法和文化背景等方面存在诸多不便，如"西人言语不通，每发一言，必侯翻译辗转口述，强半失真""西人幼学异于中土，故教法亦每不同，往往有华文一二语可明，而西人衍至数十言者，亦有西人自以为明晓，而华文犹不能解者""西人于中土学问向无所知，其所以为教者，专在西学，故吾国之就学其间者，亦每抛弃本原，几成左衽"等，所以教学质量大打折扣，因而依赖外籍教师不是长久之计。因此，师范学堂不立是导致洋务教育失败的一个重要原因，致使洋务学堂未能实现挽救民族危亡的目标。教师作为兴办学校、广育人才的关键，对传统教员的再教育和新型教师的培养是进行教育改革的当务之急。合格教师的培养应当效仿西方"学究必由师范学堂，使习于教术，深知其意也"的办法，只有培养起本国的师资力量，才能把握教育主动权，实现"开民智"的目的。

（二）兴师范是改革教育的需要

一方面，梁启超从改良社会与改革教育的视角出发，特别重视师范教育。他认为教育改革是推动社会变革的关键和根本，而要改革和发展教育事业，就必须开办师范学堂。他说"欲革旧习，兴智学，必以立师范学堂为第一义"。教师是改革教育的主力军，普及教育、培养人才、完善近代学制，都需要大批合格的教师队伍。因此，师范教育是各级各类学校教育的工作根本，兴师范教育的重要性不容忽视。

另一方面，梁启超还从兴学校与培养师资的关系出发，论述了师范教育的重要性。他建议"自京师以及各省府州县，遍设学校"，特别是设立师范学堂，"以师范学堂之生徒，为小学之教习"，并通过小学辅之以初级师范学堂，初级师范学堂学生同时担任小学教习，在此基础上，设置专门师范学堂培养中学、大学教师，从而搭建起初等、中等、高等的梯次性师范教育系统。

正是在梁启超对师范教育办学理念引领与推动之下，1896年盛宣怀在南洋公学内设立了师范院，清政府在1898年创办了中国近代最早的高等师范学堂——京师大学堂；1904年清政府出台的癸卯学制中对师范教育做了明确的制度安排。中华民国成立后，梁启超在起草的《政府大政方针宣言书》中再次强调了师范教育在教育工作中的奠基作用："今日大患，在国中才智之士，罕肯从事教育。故师范愈隳，而学基愈坏。"不仅如此，梁启超还亲自出任北京师范大学校董会董事长，并教授两门课程，以实际行动来倡导对师资培养的重视。

二、设计独立师范教育制度

梁启超认为，学习西方兴办师范教育必须从本国的实际情况出发，不能全盘西化，应"略依其制而损益之"。在"西学东渐"的过程，日本起到了"过滤的作用。日本自明治维新开始，在教育方面积极学习西方。梁启超在日本期间，阅读了大量日本书籍以及日译西方图书，接受了较多的日本和西方的教育思想。梁启超最终选择效仿日本的师范教育制度，原因在于日本与我国相邻，在文化与语言上更为贴近，我国与日本交流、交往较为频繁，而且明治维新的出发点和中国是一致的。

1902年，梁启超建议在《教育政策私议》中仿照日本学制，设计国民教育制度体系，列出了一份《教育期区分表》，即把教育分为四个时期：5岁以下为幼儿期，受家庭教育或幼稚园教育；6~13岁为儿童期，受小学教育；14~21岁为少年期，受中学教育或与中学相等程度的师范学校或各种实业、专门学校教育；22~25岁为成年期，受大学教育，分别介绍了各个年龄阶段的学生在身体、智、情、意、自观力（自我意识）等方面的发展情况和基本特征。同时独自拟出了教育制度表，如图1所示，单独列出师范教育体系。

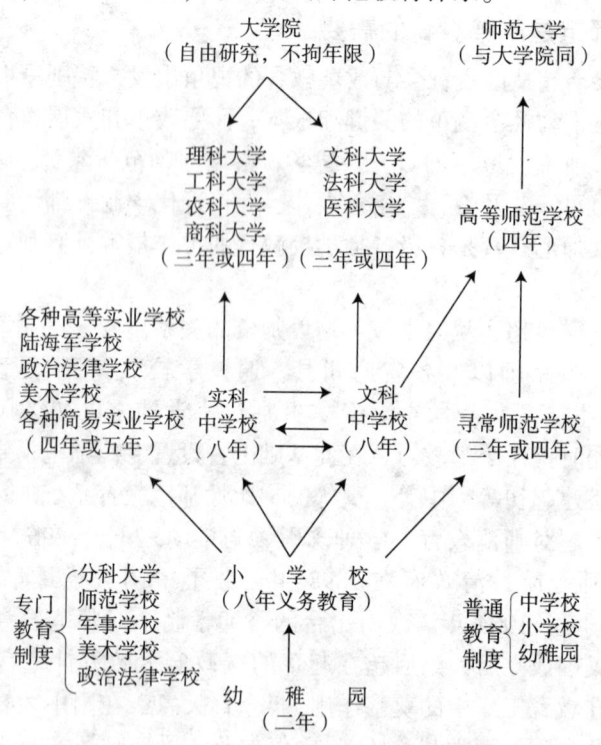

图1　国民教育制度体系

就师范教育体系而言，梁启超拟定了三级比较完整的师范教育系统，分别是寻常师范学校、高等师范学校和师范大学。寻常师范学校相当于中学校，高等师范学校相当于大学校，师范大学与大学院地位相同，修学期间可自由研究，不拘年限。根据我国当时的国情，在日本原有的寻常师范学校和高等师范学校的基础上，增加了师范大学，体现出师范教育的较高地位。师范教育具有自身独立的体系，且层次分明，各层次有学年规定，相互衔接，遵循客观发展规律。

梁启超进一步提出，将师范学堂的设立与小学堂的设立结合起来，以小学堂的教学效果，来检验师范学堂的教学效果。先设立师范学校，同时设立小学，小学的教师由师范学校的学生担任，这是模仿日本的做法。要求各级学校分别培养各级各类学校师资，如寻常师范学校培养小学师资，高等师范学校培养中学师资，师范大学培养大学教师或另外两级师范学校的师资。这些构想在清政府颁布并实施的近代第一个学制"癸卯学制"中有所体现。"癸卯学制"在规划师范教育时，将师范学堂分为了初级师范学堂和优级师范学堂，初级师范学堂培养高等小学堂和初等小学堂教师，高级师范学堂培养初级师范学堂及中学堂教员和管理员。

总之，梁启超借鉴西方与日本的经验，认识到师范教育对于近代中国富国强民的重要性，依靠自己的力量呼吁，在尚未形成系统化的近代学制的当时，极大推动了近代中国师范教育理论体系的建立。

三、育新民之师范教育目的

在日本期间，梁启超了解到欧美的公民教育，认识到"国民"在国家中的主体地位和作用，进而对我国新国民的构想有了深入的思考。在《新民说》一书中，梁启超系统提出改造国民性的理论，批判中国传统教育缺乏对国家观念的培养，"圣哲所训示，祖宗所遗传，皆使之有可以为一个人之资格，有可以为一家人之资格，有可以为一乡一族人之资格，有可以为天下人之资格，而独无可以为一国国民之资格"。同时，揭露了国民的劣根性，在两千多年专制主义重压之下，只有君主一人才有自由和权力，失掉了自由与权力的民众，不可避免地形成奴性，造成依附人格。对这种根深蒂固的奴性，梁启超称之为"心奴"。

因此，在内忧外患的局势中，梁启超以教育为救国的根本措施，认为各级各类教育的目的是要养成"一种特色之国民，使之结成团体，以自立竞存于优胜劣汰之场地也"，把培养"新民"作为"今日中国第一急务"。梁启超对新民的具体阐释是："新民之义有二：一曰淬厉其所本有而新之，二曰采补其所本无而新之。二者缺一，时乃无功。"也就是对中国的传统文化进行扬弃，推陈出新，不是一味学习外国的东西，反对全盘照搬，而是补充中国传统文化本没有的内容。

在《新民说》中，"新民"按其本意是既具备爱国丹心、自由独立精神和高尚德行，又具备传统文化修养和现代生活所必需的知识和能力的新国民。这种国民在面对外来文明思想的入侵时，没有对于强者的"奴性"，能表现出强烈的自强自立精神。进而梁启超又提出，"新民"应当具备的人格品质有数十种，如国家思想、权力思想、义务思想、政治能力，以及进取公德、私德、自由、自治、自尊、尚武、合群等品质。因而"育新民"也是师范教育的应有之义。

四、师范教育课程和实习观

（一）课程观

1. 课程设置

梁启超主张改革传统的课程内容，认为洋务教育仅学习西方皮毛，只重视对西学和西艺的学习，忽视对西方政治制度的学习，不符合中国的政道本源。在他看来，教学内容应以政学为主，以艺学为辅，以中学为体，西学为用。所谓政学，就是古今中外治理国家的大法，艺学则是自然科学和生产工艺。梁启超指出，只有从政学入手，艺学才会更有其用。因此，梁启超吸取洋务新式教育的教训，积极参照国外做法，极力赞赏日本的政学教育，并结合我国当时的国情，最终提出师范教育的六大类课程，即"须通习六经大意，讲求历朝掌故，通达文学源流，周知列国情状，分学格致专门，仞习诸国言语"。在学习步骤上强调应先通晓中国经史大义，再学习西方知识。可见，梁启超从传统教育出发，将师范教育课程拓展到学习西方的先进科学技术知识，通晓他国语言时政。师范教育教学内容既包含了中国传统文化，又包含了外国先进文化，体现其"中西兼学，政艺并进"的思想。同时，他还提议在师范课堂中开设教学方法课程，讲授"为教之道"。

2. 课程实施

梁启超是我国近代最早系统提倡教材教法的教育家之一，主张教师编排、选择教育内容应有适当难度。他高度肯定《学记》在师范教育中的地位，《学记》含有丰富的"为教之道"和诲人之术，其中阐发的教育原则和教学方法对师范学生来说具有重要的参考价值，师范生应借鉴学习，学以致用。梁启超在教学方法中提出以下五点主张。

第一，反对体罚。梁启超认为儿童受体罚如同犯人受刑，以体罚为强制手段的"棒喝式"教学方法只会恶化师生关系，让儿童产生厌学心理，从而阻碍儿童的发展。相反，教师对待学生应该导之以道，抚之以术，循循善诱。

第二，循序渐进。教学应由近到远，由简到繁，由易到难。梁启超借鉴西方国家在语言学习中的教育经验，指出在对儿童进行教育时，应当遵从儿童认知发展规律和知识逻辑顺序，"先识字，次辨训，次造句，次成文，不躐等也。识字之始，必从眼前名物指点，不好难也"。

第三，学以致用，反对言文脱节。梁启超认为，当前教育的一大弊端是"学问不求实用"。他在《中国教育之前途与教育家之自觉》一文中，把学问分为纸的学问和事的学问，纸的学问即书本知识，事的学问即实际应用的知识。如果纸的学问不应用于实际，无论多么勤学，都毫无益处。进而，梁启超指出，纸的学问不能转化为事的学问的根本原因是学校与社会相脱离。因此，他强调"学校与社会万不可分离"，教师应该在学校教育阶段，在引导学生掌握书本知识的基础上，要求学生关注社会、研究社会问题，培养学生的实践能力，使学生将来成为立足于社会的人。

第四，因材施教。课程进度安排及教学方式的使用要充分考虑儿童的年龄阶段和身心发展规律，梁启超以此为小学制定了一张日课表（小学阶段功课一览表），从早上8点到下午5点，每一小时都安排好教学任务及教学方法。师范生应该首要学习并掌握儿童各阶段的身心发展规律，并在教学过程中根据这些规律制订教学计划，小学阶段功课一览表如表1所示。

表1 小学阶段功课一览表

时间	课程	授课方式
上午 8:00	上学	师徒合诵赞扬孔教歌一遍
8:00—9:00	歌诀书	每课以诵二十遍为率
9:00—10:00	问答书	师为解其意，民日按所问而使学童答之，答竟，则受下课
10:00—11:00	算学（隔日）图学（隔日）	由师命二题，令学童布算。先习简明总图，渐及各国省县，以纸摹印写之，印毕，由师随举所已习者，令学童指其所在指经纬度
11:00—12:00	文法书	师以俚语述意，令学童以文言达之，每日五句，渐加至五十句
下午 13:00—14:00	体操	由师指授，操毕，听其玩耍不禁
14:00—15:00	西文	依西人教学童之书，日尽一课
15:00—16:00	书法	中文西文各半下钟，每日各二十字，渐加至各百字
16:00—17:00	说部书	师为解说，不限多少，其学童欲涉猎他种书者，亦听
17:00	散学	师徒合诵爱国歌一遍

第五，注重趣味性。梁启超认为，传统的教学只对学生进行灌输，甚至体罚，大大降低了学生学习的积极性。基于此，他指出教学要引起学生兴趣，趣味既是目的也是手段。如他在《论幼学》中，提出多采用歌谣、说鼓词和演戏等喜闻乐见的方法，提高学生学习的趣味性。但是，梁启超强调不可以摧残趣味，教育的目的在于扩张学生的可能性，如果纯用趣味引诱，则不能扩张其可能性。因此，在教学中应注意，不以诱学生兴趣、学习中的快乐为借口，降低教育水准或要求。

3. 课程评价

梁启超非常重视对学生学习过程的评价，认为应"以小学堂生徒之成就，验师范学堂生徒之成就"，意思是依据其培养出的师范毕业生所任教的小学校所培养的小学生的素质与能力，来判断其师范教育教学水平与培养质量。在对学生的考核方法上，具体有以下步骤：首先：以分数记录师范生的平时表现，并根据分数划分等级，计分项有学生考试成绩、札记册质量、课堂中的问答情况；其次，对学生进行月考、季考，记录成绩；最后，学生的最终成绩按三个月内的札记册、问答情况及课程考试三项得分汇算分数，并且进行分数排名，排名高的学生张榜学堂或登报鼓励，甚至选择出色学生的学习成果进行刻录公示，以作榜样。同时，梁启超主张把实践能力纳入考核，三年学业完成之后，进行全面评价，并根据师范生在学堂的实习情况，选拔表现优异者到更高一级的学堂担任教习。"其可以中教习之选者，每县必有一人。于是荟而大试之，择其优异者为大学堂、中学堂总教习，其稍次者为分教习，或小学堂教习。则天下之士，必争自鼓舞，而后起之秀，有所禀式，以底于成。十年间，奇才异能，遍行省矣。"对学生采取严格的考核与选拔，这种评价方式具有公平性和合理性，既激励了学生积极学习，也促进了学生的全面发展。

梁启超在《教育政策私议》中，对教师的测评考核提出了自己的见解。他建议通过政府来考核教师的教学表现。"每省置视学官三四员，每年分巡全省各学区，岁遍。视学官之职，当初办时，则教授办法；既立校后，则查察其管理法及功课。教师之良者，学生之优等者，时以官费奖赏之。"可见，梁启超重视教师的奖优黜劣，并体现出督导管理的现代教育理念。

（二）实习观

教育实习是师范专业教学活动的重要组成部分，也是师范生参与教育教学实践的关键环节。倡导建立系统的师范生实习管理制度，是梁启超的重大创新举措。1897年，盛宣怀将梁启超的教育实习观运用到南洋公学师范院章程中，规定师范生同时担任小学堂教习。具体来讲，梁启超对教育实习主要有以下两方面的主张。

1. 设置专门的实习机构

梁启超最先提出设立师范教育实习机构的主张。他认为，"一切实学，如水师必出海操练，矿学必入山察勘"，师范教育应当遵循理论与实际相结合的原则。因此，他主张师范学校与小学共同设立，在各地区设国民小学，附设初等师范学堂，以师范学堂的学生担任小学教习，从事实际教学工作，把小学堂当作师范生的教育实习基地。在师范教育实习课程设置上，梁启超重视"教术"对师范生专业素养的培养作用，认为师范学堂要重视开展对各科教材教法的研究，并提议在师范学堂中，开设教学法课程，聘请优秀的教师来讲授，以指导师范生的实习，保障实习的实施。此外，要保障有充分的教育实习时间。梁启超认为，师范生在实习期间要专心投入实习工作中去，不能因兼顾他事而影响教育实习和缩短教育实习时间，力求保障教育实习质量。

2. 制定严格的评价标准

梁启超主张以课程考试与实践能力相结合的评价标准进行考核。在每学年的学业考核中，"应该以小学堂生徒之成就，验师范学堂生徒之成就"。在三年学业完成之后，进行全面、客观的集体考核，"择其优异者为大学堂、中学堂总教习，其稍次者为分教习，或小学堂教习"，也就是根据考核情况分配到不同的学堂担任教习，使师范生都能得其所。可见，无论在哪个培养阶段，师范生在教学活动中的具体表现都应该在学业考核中占据重要地位。梁启超的理论与实践相结合、适才录用的评价观，是先进的现代教育理念。

五、师范教育之师德师道观

梁启超认为，教师质量直接影响学生的学习效果。要办好教育，推动教育的发展，离不开一支高素质、高水平的教师队伍，否则有再好的教育方法也于事无补。梁启超提出，教师应选择具备以下基本品质之人。

第一，选择具有报效祖国理想之人。梁启超提倡教育救国，认为教育的发展直接影响着国家的振兴。他强调，教师要意识到自身事业的崇高和重要性，树立"天下兴亡，匹夫有责"的崇高理想，敢于与旧社会陋习相抵抗。梁启超还指出，教师肩负着培养新国民的重要任务，造就有民族性格的人才，绝不可懈怠，要坚定意向，勇往直前，认定教育方针，为报效祖国而奋斗，进而达到挽救国家危亡的目的。

第二，选择德才齐备、热爱教育，以教育为终身职业之人。十年树木，百年树人，培养人才不是一朝一夕就能完成的事。梁启超把教师的工作场所比喻为"田园地"，教师要对自己的"田园地"精心耕作，应热爱教育事业，把自己的职业目标定位为一名不断成长的"教育家"，以教育为终身职业，做到以教为乐，使自己的这片"田园地"成为自己教书育人、施展抱负的一片乐土。因而他认为，"教习得人，则纲目毕举；教习不得人，则徒糜帑，必无成效"。可见选择教习以学识与才华为重，"务以得人为主"，就是要选择德才齐备、热心教育之人来担任教习。

第三，选择"学而不厌，诲人不倦之人"。梁启超认为，教育家终身要做的事情有两件，一是学，二是诲人，学是对自己有益，诲人是对他人有益。所以，教师要好好打理自己的田地。"学不难，不厌却难；诲人不难，不倦却难。"教师长年累月上课，每日重复同样的工作，难免会产生倦怠。教师只有把"诲人"

当作事业，才能"教然后知困"，不满足于陈旧的教义与自己停滞不前的学识，才能打破常规，不断追求新学问，做到学不厌，自然就会诲人不倦。因此，要处理好这种矛盾，教师就要不断更新和丰富知识，不可故步自封。教师要具备广博的知识和聪明的头脑，广泛阅读，精通古今中外，深入学习有关师范教育的知识内容，掌握丰富的教育理论及教学方法，从而扎实专业基础。同时，教师还要具有革新精神，不能照本宣科，这样才能跟上日新月异的知识更新。

教师除自身需具备良好的品德外，还要把学校教育和服务社会结合起来，培养学生的品德。学校是社会的组成部分，教师应当主动担任学校教育与社会相结合的责任，使学生走入社会后把学校的优良风气带到社会，服务于社会，从而推动社会的发展。

梁启超倡设师范学堂培育师资；重视教师的地位和作用，提出了师范教育为"群学之基"的思想，设计了独立的师范教育制度，设置了师范教学实习课程；提出教师须遵守循序渐进、趣味性、学用结合等原则，把教育看作自己的田地精耕细作，还应正确处理学而不厌与诲人不倦的关系，具备革新精神。这些思想开启了我国师范教育理论的先河，促进了我国近代师范教育的产生，奠定了我国近代师范教育发展的先基，不仅具有重要的历史价值，而且对我国当前师范教育改革仍有启发和借鉴之处。

第一，提高教师的地位。自古以来，尊师重教便是中华民族的优良传统。进入21世纪以来，我国确立了教育优先发展的战略目标，对教师队伍建设提出新的更高要求，也对全党全社会尊师重教提出新的更高要求，教师的地位和作用被重新认识，得到全社会高度的重视。梁启超提出的"师道立则学术兴、人才出、国家强"观点，与我国当前的"教育兴则国家兴"口号不谋而合。当前国际竞争日趋激烈，人才资源是我国在激烈的国际竞争中的重要力量和优势，以教师兴教育是实现人才强国目标的关键。因此，在这种时代背景下提出提高教师的地位和待遇更具有重要意义。

第二，重视教育实习。梁启超认为，师范生既要学习理论知识，也要参与教育实践。教育实习是检验师范生的理论学习成果、促进教师专业发展的有效手段。教育实习有利于教师从实践中获得真实、直接的反馈，发现教育问题，及时更新知识观。梁启超严格规范师范生的教育实习考核方法和评价标准，建立了较为完备的实习评价体系，反观当前，我国当前部分高校对师范生的教育实习监管不力，校外实习的评价考核简单、形式化，容易蒙混过关。因此，高校应严格制定教育实习监管制度，严格把关教育实习，考核形式多样化，制定合理的评价指标，全面评价师范生的实习情况。此外，还要重视建设教育实习基地，提高实习质量，使教育理论与教育实践紧密结合。

第三，加强师德师风建设。立德树人，师德为范。梁启超重视师德师风的建设，认为教师要有报效祖国的理想，有广博的知识，不断革新教育观念，丰富学识，把教育看作自己的"田园地"精耕细作，热爱教育事业，以此为终身职业。当前我国部分教师仍存在师德师风问题，而师德师风是评价教师队伍素质的首要标准。因此，要加强师德师风建设，引导教师做有理想、有道德、有扎实学识、热爱教育事业的好老师，为培养高素质专业化教师队伍打下坚实的基础，进而推进教育现代化。

拓展阅读

[1] 张锡勤. 梁启超思想评议［M］. 北京：人民出版社，2013.
[2] 安尊华. 梁启超教育思想研究［M］. 北京：知识产权出版社，2014.
[3] 潘艳红. 梁启超谈教育［M］. 北京：新世界出版，2014.
[4] 吴其昌. 梁启超传［M］. 北京：团结出版社，2020.
[5] 高力克. 启蒙先知：严复、梁启超的思想革命［M］. 北京：东方出版社，2019.
[6] 梁启超. 梁启超论教育［M］. 福州：福建教育出版社，2021.

第十一章
盛宣怀师范教育思想

盛宣怀（公元 1844 年—1916 年），字杏荪，又字幼勖，号次沂，又号补楼，别号愚斋，晚号止叟，另有思惠斋、东海、孤山居士等字号，江苏武进（今常州）人，中国近代著名实业家、教育家。1844 年 11 月 4 日（道光二十四年九月二十四日）生于常州青果巷盛氏祖居。1866 年，盛宣怀应童子试，入泮，补县学生。1870 年，入李鸿章幕，协助李鸿章办洋务。1895 年，奏设北洋大学堂（天津大学前身）于天津。1909 年，盛宣怀鉴于"商业振兴，必借航业，航业发达，端赖人才"，在南洋公学增设航政科，筹办航海一班，后于 1912 年独立为吴淞商船学院（大连海事大学、上海海事大学前身）。1911 年 10 月 10 日，武昌起义爆发后，因收路政策遭到了各方的谴责，盛宣怀被革职，后前往日本神户。1912 年 11 月 30 日，中华民国建立后，盛宣怀受孙中山邀请从日本回到上海，在上海租界中继续主持轮船招商局和汉冶萍公司。1916 年 4 月 27 日盛宣怀在上海逝世，并留下遗嘱，将其家产的一半，捐赠为慈善基金。盛宣怀作为中国近代一位著名的实业家，积极创办洋务实业，并且很长时间内掌控着晚清时期的重要实业，如轮船招商局、中国电报局、华盛织布厂、中国铁路总公司、汉冶萍煤铁总公司、中国通商银行等，这些开创性经济实体的创办和发展，奠定了中国近代工业化的基础。有些企业的生命延续了 100 多年，至今仍有重大影响。

当然，盛宣怀不仅是一位实业家，甲午战争后，盛宣怀认为"自强首在储才，储才必先兴学""西国人材之盛皆出于学堂"。在他探索经济实体的创办和发展过程中，深感发展教育、培养人才的重要性。1895 年，盛宣怀奏设成立天津北洋西学学堂（后更名为北洋大学），此为中国近代史上的第一所官办大学。1896 年，在上海创办南洋公学（上海交通大学、西安交通大学、台湾交通大学的前身）。1897 年，在南洋公学首开师范班，是为中国第一所正规高等师范学堂。1909 年，在南洋公学首开航政科，后发展为独立的吴淞商船学院（大连海事大学、上海海事大学前身）。特别是以"中体西用"思想为指导，以学以致用的主旨为取向，创办了天津中西学堂和南洋公学两所著名学校，均为中国近代新式教育的排头兵。前者是中国近代早期高等教育的代表，后者将师范教育与基础教育融为一体，率先实施了三级学制，并培养了中国近代基础教育的新型师资，成为我国早期学制现代化进程中的先驱者。教师问题始终是盛宣怀办学活动中所关注的重要论题，也因此形成了其丰富的师范教育思想。这些办学实践为我国高等教育的发展奠定了基础，盛宣怀在中国近代实业发展史与中国高等教育发展史中的作用是被历史所公认的。

一、新式人才有赖师范教育

盛宣怀对师范教育非常重视，其对师范教育的重视源于他的人才思想，但最重要的根源还在于他所处的历史时代对教育改革的强烈诉求。在他创办洋务实业之时，正是国家受辱、外族入侵、民族危机严峻的历史关头，所经历的近代社会深刻巨变使他越来越认识到，人才是救亡图存、富国强兵的关键。而想要培养社会急需的新式人才，创办新式学堂，就必须从建立师范教育入手，奠定了师范教育思想的现实基础。

中国近代的教育改革大抵带有救亡图存的色彩，强烈的政治诉求给教育赋予了富国强兵的历史使命。盛宣怀作为当时清政府官僚资本体系下的实业家，同时也是洋务运动的重要实践者，其教育思想是在不断探索稳定社会秩序、求强求富的道路中逐渐形成的，因而带有强烈的时代特征。他主张教育自强论，认为中国要想实现求强求富的目标，必须重视人才培养、广兴学校。"为一代得治人，胜于为百代立治法。""惟办事必需人材，成材必由学校。"又多次提出"实业与人才相表里，非此不足以致富强""得人尤为办事之先务""不难于集资，难于得人"等人才救国思想。

人才的培养必赖于学堂的普兴。盛宣怀清晰地意识到西方的强盛源于对人才培养的重视，"自强万端非人莫任"，所以"兴学树人为先务之急"，学校为人才之所出，人才为富强之本源。他更是从中日甲午战争中清醒地认识到，日本之所以能够迅速崛起，一跃成为东方强国，其根本在于重视教育，兴办新式学堂，"日本维新以来，援照西法，广开学堂书院，不特陆军海军将弁皆取材于学堂；即今之外部出使诸员，亦皆取材于律例科矣；制造枪炮开矿造路诸工，亦皆取材于机器工程科、地学化学科矣。仅十余年，灿然大备"。而中国的教育依然仅限于诗词歌赋中，缺乏对新式人才的培养意识及任用机制，"中国智能之士，何地蔑有，但选将才于倥人广众之中，拔使才于诗文帖括之内，至于制造工艺皆取材于不通文理不解测算之匠徒，而欲与各国絜长较短，断乎不能"。因此，他呼吁建立新式学校以培养适应社会发展需要的人才，"自强之道，以作育人才为本。求才之道，尤宜以设立学堂为先"，而"树人如树木，学堂迟设一年，则人才迟起一年"。盛宣怀对新型实用人才的培养有一种唯恐延迟而影响战略全局的急切心情，培育新型人才，兴办新式学堂，必然对师资的需求量极大，这也决定了当时师范教育的迫切性与重要性。

进而，盛宣怀又从对我国传统教育不重视师资养成，缺乏专业的教育方法，以致教育效果低下的角度，阐述了创办师范教育、培育新型师资的重要性。"中国民间子弟读书，往往至十四五岁，文理尤不能通顺。皆由教不得法，故学亦无效。此等子弟虽入中学，仍须从事小学功夫，久费年力，岁不我与，欲求深造，常苦老大。"传统教育模式耗时久且成效差，常常事倍功半，不管是从培养时间上还是人才质量上都不能满足社会对人才的需求，而要想改变这种局面，必须建立近代新式教育体制，培育新型师资，故此他提出"臣唯师道立则善人多，故西国学堂必探源于师范；蒙养正则圣公始，故西国学成必植基于小学"的教育论断。即学必有师，唯有创办师范教育培养新型师资，才能使新式学堂名副其实，进而达到培养新式人才的目的。在 19 世纪末师范教育仍处在萌芽阶段的状况下，盛宣怀能够初步建构师范教育的概念，并从教育的根源上论述师范教育的重要地位，足见他在教育领域的高瞻远瞩。盛宣怀的师范教育思想可谓近代师范教育的宝贵资源，他也因此成为中国近代倡导师范教育为数不多的领头人之一。

二、首创正规师范教育机构

通过上述分析师范教育作用，盛宣怀参照西方列强、日本的学校教育制度，并充分考虑中国教育的现状，决定"考选成才之士四十名，先设师范院"，于 1897 年 3 月在南洋公学内率先成立师范院和相当于附属小学性质的外院，着手造就新型师资，并且从初等教育入手，循序渐进培养人才。南洋公学师范院学制为 3 年，招收学生 40 名，为外院、中院甚至上院培养师资。南洋公学师范院是中国近代最早的新型师范学校教育机构，标志着现代早期师范教育的发端。

南洋公学师范院在其教学程度、师范特性和管理等方面与后来的师范学校相比，无疑具有诸多的不足，但作为中国第一所师范教育机构，它的建立有着十分重要的意义。对南洋公学的发展而言，师范院的设立目的就是为外、中两院，乃至上院培养师资，"上中两院之教习，皆出于师范院，则驾轻就熟，轨辙不虑其纷歧"。也就是说，师范院培养的学生中有一部分充当了南洋公学的教师，在一定程度上缓解了南洋公学办学过程中师资紧缺的问题。而如果进一步从整个中国近代教育的发展历程来看，南洋公学师范院的办学活动，有效地将近代教育家如梁启超、张之洞及张謇等人重视师范教育以及开设师范学堂的思想付诸实践。由此而实现了建立近代中国师范教育的初步尝试，使中国近代师范教育发生了从观念走向实践的飞跃。因此，可以说，南洋公学师范院作为中国近代师范教育的领头兵，为清末后续出现的师范学堂提供了宝贵经验。

盛宣怀在《为筹集商捐开办南洋公学情形折》中提出举办南洋公学的构想，并把师范和小学放在学堂的优先地位。他说："师范、小学，尤为学堂先务中之先务。"因而1897年他在招收师范生的同时，"复仿日本师范学校有附属小学之法。别选年十岁内外至十七八岁止聪颖幼童一百二十名，设一外院学堂"。外院学堂就是小学堂，由师范生分班教习。接着于1898年开办二等学堂（亦称中院，即中学），待条件成熟再开设头等学堂（亦称上院，即大学）。盛宣怀说："外院之幼童荐升于中上两院，则入堂升室，途径愈形其直捷。"这与他办北洋大学堂"循序而进"和"不躐等"的思想是一致的。由此可见，盛宣怀的办学思想是可取的。小学是学业基础之基础，师范班的学员是培养人才的人才，没有优良的小学基础和优秀的师资，学校是办不好的。

南洋公学师范院自1897年成立，1903年停办。六年间，共计培养师范生一百余人。从这座摇篮中，走出来的国内首批毕业生是中国最早一批专学师范教育专业的人才。他们与同时期其他师范学堂、留学归国学生及教会学校毕业生等，共同从事教育职业，形成了近代早期学科专业具有新知识与能力素养的新型师资队伍，在某种程度上，满足了我国清末"兴学"热潮中对合格师资的迫切需求，或作为民国以后学校师资的后备力量而发挥作用。据记载，南洋公学师范院的师范生或成为京师大学堂教员，或在北洋、广东办理学务外交，其余分赴江苏、浙江、山东、云南充当教员者，不一而足。多数师范生专心于教育事业，将毕生精力投入到发展新式教育的具体实践中，成为开创清末民初教育的急先锋。其中成就突出者，如国人自主创办的第一所新式中学南洋中学（原名育材书塾）的主持者王植善，上海务本女塾的创始人吴馨，民国年间两度担任教育总长的范源濂，以及被誉为江苏近代教育开拓者的沈庆鸿等。他们都是中国近代教育的有力推动者，对我国近代新教育的推广起了不可磨灭的作用。

案例阅读

南洋公学师范院

1897年4月8日，南洋公学师范院开学，其为南洋公学正式办学之始，也是中国师范教育之端。南洋公学首开"师范院"而非"大学堂"，究其原因，在北洋大学堂的办学实践中，发现科举体制下兴办新式教育，"教者既苦乏才，学者亦难精择""中国儒生尚多，守先之学，遴选教习尤患乏才"，而"西国各处学堂，教习皆出于师范学堂"。因而为了与北洋首开头、二等学堂有别，盛宣怀在南洋公学推行先师范、小学后中学、大学之循序渐进、拾级而上的完全教育方案。可以说，南洋公学师范院在创办之初，国内并无先例可以借鉴。盛宣怀从当时的实际出发，效仿近邻日本。第一，制定纲领，聘请德高望重、学贯中西者为教师。于1896年颁布《南洋公学纲领》，对师范院之学额、学制、培养目标和教习选聘标准等进行了具体规定。如公开考选师范生30名，以中学成才、西学西文兼通为标准；期以三年，培养深具经史大义兼通西文西学之教习；延请德望素著、学有本源、学贯中外者为师。第二，严格管理，重视教学相长、知行并进。1898年颁布《南洋公学章程》规定，实行"师范生施行五格"逐层递升的培养管理机制，最高格为"红据"，准予充任教习，最低格为"蓝据"，优者奖，劣者淘汰。外院尾随师范院而办，师范生可在外院"且学且教"，以验所学，"一旦出充教习，自能驾熟就轻"。第三，鼓励教员自行编译教材，灵活采用授课方式。在课堂教学中注重学生知识结构，以西学为主，必修数理化（含实验），兼及史地生和科学等，选修英、法、日文。第四，加强道德情操教育以及爱国主义教育。首创院歌《警醒歌》以激励学生爱国热情，关切民族命运。因此，南洋公学师范院以其系统办学之经历、思想，为清末新政后广大师范教育之兴起提供了重要参考。

三、师范教育的教学与管理

盛宣怀关于师范教育的教学与管理主张是与其整体教育思想及实践密切联系的，很难截然分开，但其中所呈现的师范教育专业化设想及尝试具有鲜明的个性，并蕴含积极意义。

（一）师范教育教学目标与教学内容

盛宣怀突破了传统价值体系中"道本器末"的观念，主张大力学习西方先进技术以实现富国强兵的目标。为此，他十分重视新式专业人才的培养。在人才的质量要求方面突出实用性标准，即"学以致用为本"。创办学堂的目的就是为社会提供实用型、专业化人才，并且一直努力将这一价值取向落实到办学实践中，注重学以致用的教学目标在南洋公学师范院办学活动均有所体现。例如，在教学安排上，他要求教师要与时俱进，注重与实际相结合，及时编写具有时代性的课程教材，并注重培养学生动手操作、解决实际问题的能力。学生在校期间，除了掌握基本理论基础外，还要进行操作练习，以便更好地掌握专业知识。在师范生的培养过程中，更注重各个环节的教学，为学生提供教学实习的条件。为此，将外院学堂设置为师范生的实习场所，令师范院的学生分班教习以锻炼其实际教学能力。

盛宣怀将师范教育视为近代社会的专业教育门类，通过师范教育的专业化阶段，培育从事人才培养与训练的专业工作者。为此就应该依据实用技术目标的要求，改革传统教学内容。因为教学内容体现着人才培养目标和方向，而传统师资培养的教育机构，如书院、官学等以经史子集为主的教学内容，已经不再符合当时培养目标的要求，因而要想培养新型专业教师，满足教育转型与发展的需要，必须增加西学课程的比例。当然，这不仅体现在师范教育领域，而属于近代教育的总体特征。换句话说，盛宣怀并不是职业性的师范教育家，而是以高等教育为中心，涵盖了普通教育的近代教育改革家。以这样的身份和角色论述教育问题必然是整体的。师范教育只是其教育思想及活动中的一个组成部分，且与其他方面的教育问题探讨形成一体。

盛宣怀在《条陈自强大计折》中提出，在各省设立新式学堂，"教以天算、舆地、格致、制造、汽机、矿冶诸学，而以法律、政治、商税为要"。从这些科目中，我们能够看出近代学堂教学内容与传统学堂教师教学内容的区别，旧式私塾、书院及官学学习的都是《三字经》《千字文》，以及四书五经等传统典籍，而新式学堂的课程则以西方语言文字、自然科学、技术工艺学和人文社会科学等科目为主。新式学堂在教学内容中增加了西学的比例，打破了传统教育中课程封闭的局面，使学校教学课程逐步与西方社会接轨，使学生能接触到更多西方先进文化知识与科学技术，促进了学校课程的现代化。

盛宣怀认为，师范教育中需要坚持普通教育与专业教育相结合，主张学生在有了一定知识基础后，可以专攻一门，从而对所学专业精益求精，这样将来毕业后在针对性职业服务的同时，能够提高其社会适用性，并且在满足工作职员、专家或管理者个性化需求的过程中，拥有人生的丰富性，增进幸福体验。作为造就新式师资预备力量的专门场所，南洋公学师范院的学生不仅要学习基本的科学技术内容、人文政治科学知识技能，还要"视西国师范学校，肄习师范教育、管理学校之法"，即学习教育教学专业知识。在教学中，尤其强调目标导向及管理督促的严格要求："延订华洋教习，课以中西各学，要于明体达用，勤学善诲为指归。"唯有如此，才能有效地培养知识渊博且具备良好教育教学能力的新型教师人才。在中国近代教育史上，维新运动是师范教育起步阶段，此时的师范教育极度不发达，南洋公学师范院得以开设专门的师范课程，着重培养师范生的专业素养，对日后师范教育的发展无疑发挥了表率作用。

(二)"中体西用"的办学原则

盛宣怀一直以"中学为体、西学为用"为创办新式教育的总原则。他将建立新式教育、培养专业技术人才，看作是富国强兵的关键，但又一直坚持中国传统文化知识的应有地位。这显然是调和新旧、融合中西教育文化政策，"中体西用"方针在教育家身上的反映。他在《为筹集商捐开办南洋公学情形折》中指出，有的教习"大抵通晓西文者，多瞀于经史大义之根柢；致力中学者，率迷于章句呫哔之迂途"，都不是真正的理想之才。出于维护封建统治的需要，他重视中国传统文化价值，认为洋务派办学对中学的课程功能缺乏认同，导致成效不显，授人以柄，甚至倍遭诟责。"毋亦孔孟义理之学未植其本，中外政法之故未通其大，虽娴熟其语言文字，仅同于小道可观，而不足以致远也。"如果没有坚实的"中学"根底，是难以将西学顺利而切实地运用于中国社会的。以此为戒，造就人才必须"导其源""正其基"，做到"西学为用，必以中学为体"，使其既有厚重的国学基础，又对西方先进技术及科学知识有所建树。这一师范教育思想在师资选聘教学安排及学生培养等各个环节均有体现。

盛宣怀聘用教师的首要原则就是要有深厚的国学功底，并对西学有一定的造诣，如他聘请当时著名的教育家张焕纶作为中文总教习。在张焕纶的主持下，南洋公学的中文、经史、舆地等课程都获得了相当程度的重视。在教师队伍的构成方面，采用了中西教师相互搭配的方法，以保证每一个年级都中西学教师兼具，如在《南洋公学章程》第九章中，关于教习人员名额的分布情况安排如下：南洋公学总理一员，华总教习一员，洋总教习一员；师范院并外院洋教习二名，华人西文西学教习二名，汉教习二名，中院华人洋文教习四名，洋文帮教习四名，汉教习四名；上院专门洋教习四名，华人洋教习四名，汉教习四名。从上述师资配备的情况来看，上院、中院及师范院的师资配备都是汉教习与洋教习并存，从而保证在教学内容上的中西兼顾。在学生培养方面，《南洋公学章程》规定："公学所教，以通达中国经史大义，厚植根柢为基础，以西国政治家、日本法部文部为指归，略仿法国学政学堂之意，而工艺、机器、制造、矿冶诸学，则于公学内已通算化、格致诸生中各就质性相近者，令其备认专门，略通门径，即挑出归专门学堂肄业，其在公学始终卒业者，则以专学政治家之学为断。"也就是说，设公学师范院的师资培养是以通达中国经史为根本，在此基础上学习西艺等知识，以培育新型教师专业人才。

（三）师范教育教学组织与考核

盛宣怀基于多次考察国外学校的经验，充分意识到近代化的教学内容、教学组织形式和考核制度的改革，势必需要新的管理方式和手段与之相适应。他在近代学制和学校考核制度上同样有许多先见之举。他主张办学要循序渐进，不能躐等。洋务学堂失败的重要原因之一就是学校设置无序，所以导致人才培养难以见到成效。西方学校之所以能够培养大量人才，是因为"学堂之等，入学之年，课程之序，与夫农工商兵之莫不有学"。于是提出培养人才应该效仿西方的学校制度，将中小学作为学校系统的基础阶段，然后再进入大学进行专业学习。他仿照西方近代学制体系，在其创办的新式学堂中采用分班教学、分科教学、年级制与升级制统一的近代办学组织形式。《南洋公学章程》规定："师范院高材生四十名，外院生四班一百二十名、中院生四班一百二十名、上院生四班一百二十名。"师范院学制三年，初设学额40人；外院、中院、上院学制均为四年，三院各设4班，每班30人，采取逐年升班的方式，由此形成外院、中院、上院为序列的三级学制。"外院生至第一班递升中院第四班；中院生至第一班递升上院第四班；上中下三院学生皆岁升一班。"南洋公学所设外院、中院、上院均采用上述年级制。南洋公学建立起我国最早分层设学且各级学校间相互衔接的学校教育体系，同时，师范院与上述三院构成并行、相对独立的类型结构，其程度介于中、上院之间，相当于近现代学制中与高低前后衔接纵向系统互为支撑的横向教育类型，在学制上具有本质上的创新，确保我国近代教育在学制的系统规范。而盛宣怀在此之前已经将三级学制应用到其办学实践中，可见其教育思想的先进性。南洋公学实施的三级学制，以及横向的师范教育所构成的结构，也极具示范价值，为1902年和1904年颁布的两次全国性学制提供了正规教育办学形式的成功实例。

教学考核是教学评估的重要内容，其意义不仅在于诊断反馈，更是目标达成的有效手段。师范教育要培养新型、合格的师资队伍，加强教学考核及其标准尤为必要。盛宣怀所设南洋公学的方案明确规定，学生"每三月小试，总理与总教习以所业面试之。周年大试，督办招商电报两局之员会同江海关道员亲视之"。而且考试的标准也颇为严格，这在师范院中更为突出。他在南洋公学的有关章程中，明确提出了师范生的分级等级标准。师范学生分五层，即五个等级，从第一层至第五层分别为白据、绿据、黄据、紫据、红据，每个等级各有一定标准。与之相应的每一层的要求为："第一层之格（要求），曰：学有门径，材堪造就，质成敦实，趣绝卑陋，志慕远大，性近和平。第二层之格，曰：勤学诲劳，耐烦碎，就范围，通商量，先公后私。第三层之格，曰：善诱掖，密稽察，有条理，解操纵，能应变。第四层之格，曰：无畛域计较，无争无忌，无骄矜，无吝啬，无客气，无火气。第五层之格，曰：性厚才精，学广识通，行正度大，心虚气静。"一般新进入的师范生给白据试读，学习两个月后合格者换白据为蓝据，以此类推，师范生达到了第五层才能充当教习。由此可见，师范生的分级标准和严格的考核制度一脉相承，体现了盛宣怀对师范生质量规格的严肃态度，也体现了他对教师素质的充分重视。而且规定"学生未卒业之日，均不应学堂外各项考试"，使得学生从科举考试的桎梏中彻底解脱出来，减少学生不必要的时间消耗，使其能有更充足的时间进行学业学习。严格的考试制度和考核标准在制度上保证了人才培养的质量，对学生的严格要求也有利于学生掌握不同学科的专业知识，为中国近代化发展培养所需的专业师资。

四、两种师资培养模式

盛宣怀认为，要想改变中国教育落后的局面，培育新式人才，单单依靠从国外引进师资是不够的。他清醒地认识到，洋务学堂在聘请外籍教师方面显露出了许多弊端，除了语言、经济方面的问题外，国家教育的主权和尊严也受到了某种程度的侵犯。国家自立首先需要人才自立，而人才培养的长久之计在于培养本国的教师。"师范、小学尤为学堂一事先务中之先务"，应该"急起直追"，优先发展。他主张采用多样化的措施培养教师，为中国近代教师培养模式的形成开拓了道路。

（一）开办师范院：定向型师资培养

师范教育是培养师资的专业教育，也是最有效的师资培养方法。1897年4月，盛宣怀在南洋公学首设师范院，开设师范教育课程，设置外院、中院、上院，着力培养明体达用、勤学善诲的新型师资。除了改革课程、组织管理，以及教学考核等之外，盛宣怀尤其注重学生教学实践能力的培养。他要求师范生在学习期间养成合格教师的专业素质，这样毕业后就能直接投入到实际的教育工作之中。

盛宣怀在开设师范院的同时，创办了相当于附属小学性质的外院，为师范院的学生提供了实习的场所。南洋公学外院挑选120名学生，根据文化程度分为大、中、小三个班，这是我国最早的新式公立小学，也是近代早期新式小学教育的开始。盛宣怀创办外院的目的就是让师范生兼任教职，锻炼其教育教学能力，"令师范生分班教之。比及一年，师范诸生，且学且诲，颇得知行并进之益"。实际上，南洋公学的外院如同当今师范生的实习场所，师范生在教学中获得自我发展，通过自我发展去提高教学质量。重视"教学实习"是南洋公学师范院的一大特色。这种定向师资培养对于提高师资养成的有效性以及合理导向具有积极作用，并且有助于构建专业化教师教育的体制，促进社会崇尚教师职业的风尚。因此，自清末以来，定向型师资培养一直是我国教师教育的重要模式。

盛宣怀也特别注重培养师范生的外语阅读及翻译能力，这不仅是近现代高等教育注重专业化的特征，更是拓展知识、丰富及更新知识内容的需要。"兴学为自强之急图，而译书尤为兴学之基址。"要想学习西方的先进知识，"非能读西国之籍，不能知西国之为"，而"西国语言文字，殊非一蹴可几，壮岁以往始行学习，岂特不易精娴，实亦大费岁月"，必须通过译书来使西方的知识得以传播。所以，盛宣怀在南洋公学设立译书院，选择图书馆所购的各国书籍，让学生进行翻译练习。这些练习为学生日后进行本国中小学教材编写打下了坚实基础，如师范生朱树人、沈庆鸿等编写的《蒙学课本》《物算教科书》《本国初中地理教科书》等，都是当时优秀的小学课本，在南洋公学试验后并推广至全国。特别是由南洋公学师范生编写的《蒙学课本》，是我国近代最早的自编小学教科书，开创了近代中国自编新式中小学教科书的先河。在中国近代教科书的历史上，这种教学新旧转型中的重大事件，对近代教学改革具有特殊意义，从当今校本课程及教案资源的开发建设来说，也无疑是一个成功典范。

(二) 出国留学：师资培养的补充

盛宣怀在洋务企业的创办中，积累了不少借鉴西方科学技术的经验，这些经验和理念同样在他的师范教育思想中也有所体现。他认为，单单靠翻译西国书籍和聘用外国教师，并不能完全掌握西方文化的精华，只有身处西国，学习游历，才能将知识学得透彻。他根据中体西用的思想和注重实践的理念，提出"学生必出洋游历，躬验目治，专门肄习"，才能"窥西学之精"，达到"用其所长补我之短"的目的。他主张运用"他山之石可以攻玉"的方法，使学生在国内学堂学有所成之后出国深造。这既是对本国师资培养的重要补充，也是构成师资训练的又一模式。该模式一直持续至今，作为国际教育交流及海外教育的重要内容，不仅拓宽了师资培养的范围，也在办学体制上有了继续教育的域外格局。盛宣怀将这一设想写进了《南洋公学章程》中，其中第八章明确规定："上院学生卒业后，择其优异者咨送出洋，照日本海外留学生之例，就学于各国大学堂，以广才识而资大用。"他利用其轮船招商局和电报局的捐资，帮助学生出国深造。如在1898年南洋公学的6名学生东渡日本留学，此后又有数批学生出国留学。从1898年到1906年，盛宣怀主持派遣到美、英、德、日、比五国的留学生，计有章宗祥、王宠惠、雷奋等58人。这些留学生归国以后，不少在校任教，成为清末兴学活动中的中坚师资力量。留学教育的教师培养模式至今仍具有重要的现实意义。

由此可见，盛宣怀作为我国近代著名的实业家、教育家，注重学用结合追求实效，其教育实践冲击了传统教育重德轻艺的价值取向和人才培养模式，有利于推动新式教育在近代中国的成长与发展。在中国新式教育刚刚兴起的阶段，他首开中国师范教育先河，创办师范院。其师范教育思想及办学活动具有无比的远见。尽管盛宣怀的师范教育思想在理论建构上缺少系统完整性，没有产生对后世影响深远的理论性文献，但他的师范教育思想是他在开办和管理师范教育过程的实践成果，体现了他对师范生以及师范教育的重视程度，所提出的教师培养模式设想对当今教师教育仍然具有重要的启示，上述种种奠定了盛宣怀作为中国近代教育史上一位独具特色教育家的历史地位，可以说，他是中国教育早期现代化过程中贡献卓著的先驱者。

拓展阅读

[1] 夏东元. 盛宣怀传 [M]. 上海：上海交通大学出版社，2007.

[2] 盛承懋. 盛宣怀与"中国的十一个第一" [M]. 西安：西安交通大学出版社，2016.

[3] 欧七斤. 盛宣怀与中国近代教育[M]. 上海：上海交通大学出版社，2016.

[4] 盛宣怀. 愚斋存稿[M]. 上海：上海人民出版社，2018.

[5] 盛宣怀. 愚斋东游日记[M]. 郑晓霞，阎琳，校注. 扬州：广陵书社，2018.

[6] 夏东元. 盛宣怀传[M]. 天津：南开大学出版社，2021.

第十二章
张謇的师范教育思想

张謇（公元 1853 年—1926 年），江苏南通人，字季直，晚号啬公，是我国近代著名的爱国实业家、教育家。他出身于一个农民兼小商人的家庭，幼时聪颖，四岁时起，父亲张彭年开始教习《千字文》，到五岁，张謇可以完整无误地背诵《千字文》。至十岁时，张謇已读完《三字经》《百家姓》《大学》《中庸》《论语》等蒙学书籍。十六岁中秀才，之后张謇每两年就去江宁参加一次乡试，先后五次都未得中。1873 年，归籍通州。为了改变家庭生活窘境，张謇开始了他的幕僚生涯，1874 年，孙云锦调任江宁发审局，邀张謇担任该局书记。1876年，应淮军"庆字营"统领吴长庆邀请，成为吴长庆的淮军幕僚，参与了庆军机要、重要决策和军事行动。1880 年，随吴长庆的淮军移军登州，次年袁世凯来投淮军，与张謇相识。张謇曾为袁修改过文章，袁称他为老师。1882 年，朝鲜发生"壬午兵变"，张謇随庆军从海上奔赴汉城（今首尔），为吴长庆起草《条陈朝鲜事宜疏》，并撰写《壬午事略》《善后六策》等政论文章，主张强硬政策。1884 年，吴长庆归国后不久病逝，张謇离开庆军回乡读书，准备应试。1885 年，张謇转赴北京参加"顺天乡试"，录取为第二名，时称"南元"。中法战争后，他鉴于"国势日蹙"，萌发了办实业和教育救国的思想。

从 1885 年到 1894 年，十年间四次赴京会试，屡试不中。1887 年，张謇随孙云锦赴开封府任职，协助治河救灾，并拟订《疏塞大纲》。1888 年以后，又应聘先后主持赣榆选青书院、崇明瀛洲书院、江宁文正书院、安庆经古书院等。1894 年，张謇再度赴京参加会试，考取状元，授翰林院修撰。甲午战争爆发，清军战败，张謇由于"目睹国事日非，京官朝更不足与谋"，虽已科举成名，却弃官不做，而走上了创办实业和教育的新路。

1895 年，中日《马关条约》中有允许日人在内地设厂的条文，为了在外资输入之前抢先发展中国实业，张謇在两江总督张之洞和继任总督刘坤一的支持下，招商集股在南通创办大生纱厂，经过三年的艰苦的努力，终于在 1899 年正式投入生产。为使大生能自成体系，他继续开办了许多企业。为了获得工厂棉花的来源，1900年，他创办了通海垦牧公司；为解决商品和原料运输问题，开办了上海大达轮船公司和南通天生港轮船公司；为了维修各厂机器设备创办了资生铁厂，又利用纱厂棉籽，办了广生榨油厂。此外还办了面粉厂、电厂等。他在甲午战后二十多年中，在南通地区先后办了二十多个工厂，形成了我国近代著名的"大生工业集团"。

张謇用办实业所得的部分利润及向社会各界募捐所得，在南通举办教育文化事业。他把办实业和教育事业称为"国家富强之大本"，提出了"父教育、母实业""以实业补助教育，以教育改良实业"的主张，并认为"实业之所至即教育之所至"，为实现教育实业相互促进，大力发展教育事业。他特别重视师范教育，认为"师范为教育之母"，是普及教育的基础。1902年，首先创办了中国第一所民办师范学校——通州师范学堂，首开智力投资之先河。后来又陆续办了女子师范学校、小学、中学、幼稚园等，又创办了十多所职业学校，其中以纺织、农业、医校较为有名，后三校合并为南通大学。由张謇倡议、资助或参与筹备而设立的学校有吴淞商船学校、中国公学、上海复旦学院（复旦大学前身）、龙门师范、扬州两淮两等小学、中学及师范、南京高等师范（南京大学前身）和河海工程学校等。此外又在南通创办了图书馆、博物馆、气象台、盲哑学校、伶工学校、剧场、公园和医院、养老院等公益事业。

清朝末年，张謇主张君主立宪，成为立宪派首领。民国成立，他拥护共和，出任孙中山为首的南京临时政府实业部长。袁世凯当政后，继任农林工商部长，先后制定了一系列中国近代经济法规，为保护和促进我国东南沿海地区工商业的发展起了积极作用。他主张对外开放，主张引进技术，引进人才，自辟商埠，发展对外贸易和利用外资等。袁世凯称帝时，他愤而辞职，退居林下，继续经营实业和教育事业。

由于张謇的实业和教育活动成效显著，南通由一个落后地区一跃而为经济、文化比较发达的地区，成为当时全国闻名的"模范县"，不仅造福于一方，而且影响全国。时至今日，南通的发展，与张謇为南通建设所做的努力是分不开的。特别是他关于教育的主张及观点，对当下有一定的借鉴作用。

一、师范教育视作教育之母

（一）首重师范教育

中国近代教育改革是因救亡图存的社会需求而出现的。中国近代师范教育起步较晚，早年洋务派所办的新式学堂，大多数为其军事服务的，所用教员大多为外国人，本国对于教育普及和教员的培养并未注意。1897年，盛宣怀创办的南洋公学设立了师范院，我国才算有了正式的师范教育。1902年，清政府颁布

《钦定中学堂章程》，规定"中学堂内应附设师范学堂，以造成小学堂教习之人才"。在《钦定京师大学堂章程中》规定，设"师范馆"，招收举贡生监入学肄业，可以看作是我国高等师范教育开办的滥觞。

张謇在1901年的《变法平议》中就主张各府、州、县先立小学堂于城，小学堂中先立寻常师范一班，选各府州县学诸生，年龄20～40岁，束脩自爱，文理通畅者，四五十至七八十人，视学大小为人数多寡，延师范师教之，第三年立高等师范学堂，第四年、各省城专门高等学堂、第五年京师大学堂可立矣；并主张设立女子师范学堂。

张謇于1902年所创立的师范学校是我国近代第一所私立师范学校。张謇非常重视师范教育，将师范教育视为国民教育的根本。张謇认为要振兴国家，雪国耻，就必须开民智，启发人民的爱国觉悟，就必须多设立小学，普及国民教育。他在《师范学校开学演说》中认为"欲雪其耻而不讲求学问则无资，欲求学问而不求普及国民之教育则无与，欲教育普及国民而不求师则无导，故立学校须从小学始，尤须先从师范始"。再如其所说的"师范为教育之母""师范者兴学治本""普及有本，本在师范"等，从中可以看出师范教育的重要性及核心地位，以及师范学校在学制体系中的重要地位。

（二）创办师范学校

基于对师范教育的高度重视以及学制体系中的特殊地位，张謇身体力行，创办师范教育机构，将其观念主张体现在其办学活动中，从而使教育设想走向实践。1902年，他在南通自办了我国近代第一所民立师范学校——通州师范学校。在《通州师范学校议》一文中提出"一艺之末，学必有师"，强调国家强大的基础在于发展师范教育。1903年，通州师范学校于南通建成开学，在招生上，提出选择性淑行端、文理素优的青年学生入校学习。为保证招生质量，报名时"须得素有声望人保书，再由本学校访察试验"，公开考试，张榜录取。为了保证教学质量，又专门聘请了许多名流大家，如王国维、章太炎、梁启超、朱东润、吕思勉等来学校任教，而且任用了日籍教师来校讲学。通州师范学校之设，是我国近代独立民办师范学校之始。

他在解释为什么要办师范学校时，认为鉴于通州规定由地方筹设中小学校，然而没有设师范。"然无师范，则管理教授诸法一切懵如，何异欲渡弗梁而接人不曳也。""省城虽有公立高等寻常两科师范之议，然计一府州县所送学生不过数人，是数人者即尽学寻常师范以速成立，亦不足供一府州县官立三数小学及中学校管理教授之用，何论推广。"他进一步指出："按各国学制，必卒高等小学业，乃入寻常师范学校，卒寻常师范业，乃充小学校教员，而寻常师范学中，亦必立一小学校，为师范生实践教授之地。"也就是说，师范与小学必须同时并立，才能达到其体用相成，故成立师范，也就必须建立与之相应的高等小学和寻常小学校，以供师范生实习。于是在要求创立师范的同时，必须成立高等和初等小学，作为师范生实习的园地。

通州师范学校是中国民办师范教育的"先锋"，其主要贡献在于培养新式师资、传播西方教育理念，以及完善教育体制和教学管理等。通州师范学校的学制分为本科、速成和讲习三个层次，讲习科学制一年、速成科两年、本科四年。此分层设置充分考虑到学生的不同情况，为有效培养中小学急需的师资发挥制度层面的重要作用。

1905年，张謇又创办了通州女子师范学校。这是我国最早的私立女子师范学校，开创了女子师范教育的先例。除了通州师范学校和通州女子师范学校，由张謇倡议或资助的师范学校还有东台母里师范、三江师范学堂等。这些师范学校培养了一批又一批德才兼备的师资，在我国近代教育中发挥了重要作用。

案例阅读

张謇与370多所学校

针对学前教育到高等教育、普通教育到职业教育、一般教育到特殊教育，张謇先生创办或参与创办的学校形成了一个相对完整的国民教育体系。

1904年，张謇在南通城西建立新育婴堂，1913年1月将其规划为南通第一幼稚园，招收保姆教以养育幼儿的科学知识。

1905年，张氏兄弟出资，创办张氏私立初等小学校。

1904年至1911年，随着垦牧区域的推进，陆续办起了各地初小。通海垦牧公司成立前，他又开启了办女校的先河，创办了女子师范学校、女工传习所。

1914年，成立女师附属幼稚园。

1917年，在南通城中创办第二幼稚园；1920年，创办了第三幼稚园。

办了这么多的学校，教师从哪里来呢？其实，张謇最先创立的就是师范学校。

1902年，张謇创办了通州师范学校，标志着中国师范专业教育专设机构的开端。

如今许多知名高校的校史里，也记载着张謇先生的伟绩。

1905年，张謇和教育家马相伯在吴淞创办了复旦公学，即今天复旦大学的前身。

1909年，张謇创办了吴淞商船专科学校，后来并入大连海事大学；创办邮传部上海高等实业学堂船政科，即上海海事大学大学前身。

1912年，为发展海防和国防事业，张謇创办了吴淞水产专科学校，即上海海洋大学的前身。

1915年，创办了我国第一所水利高等学校河海工程专门学校，即后来的河海大学。

1916年，中国近代第一所由国人自主创办的特殊教育学校——狼山盲哑学校成立，即南通特殊教育中心的前身。

1921年，上海商科大学在上海成立。上海商科大学前身是南京师范高等学校，后南京高等师范学校扩展为国立东南大学，张謇亦是主要创建人之一。

1902年，张謇参与筹办三江师范学堂，三江师范学堂演变为两江师范学堂、南京高等师范学校、国立东南大学，再变为中央大学。从三江师范学校延伸出南京大学、东南大学、南京师范大学、南京农业大学、南京工业大学、南京林业大学、江南大学、江苏大学等9所高校。

张謇先生还创办了中国第一所纺织学校、第一所刺绣学校和第一所戏剧学校。

师范学校各学科发展成十几所职业学校，其中以纺织、农业、医学三校成绩显著，后各自扩充为专科学校，1928年合并为私立南通大学。与之有着同源血脉关系的高校还有东华大学、扬州大学、苏州大学等。

张謇先生"父教育、母实业"的理念，无疑是给后人留下的宝贵财富。

二、德智体三育教师培养观

张謇是中国近代最先提出教育必须使学生德、智、体全面发展，教育必须与生产劳动相结合、与科学实验相结合、与社会实践相结合的教育家之一。1902年，张謇在南通《师范章程改订例言》中，首次提出了他的人才培养目标，即"国家思想、实业知识、武备精神三者，为教育之大纲"。1904年，他在《扶海坨家塾章程》中更加明确地提出了"德、智、体三育"的概念，认为"谋体育德育智育之本，基于蒙养，而尤在就儿童所已知，振起其受教育之兴味，使之易晓而直觉"。1914年，他在《河海工程测绘养成所章程》中则进一步把"德、智、体三育"的思想上升为教育方针，"本所教育方针如下：一、注重学生道德、思想，以养成高尚之人格。二、注重学生身体之健康，以养成勤勉耐劳之习惯。三、教授河海工程上必须之学理技术，注重实地练习，以养成切实应用之知识"。正如他在《师范教育大纲》中所说："国家思想、实业知识、武备精神三者，为教育之大纲。"这是在说师范生在思想、知识和身体素质方面都要全面发展，只有达到这三方面的要求，才算一个合格的师范生。此后，张謇还多次提出了要对学生进行劳动教育、音乐舞蹈美术教育、军事教育、心理教育、创造教育、创业教育等一系列素质教育，并贯穿于他的办学实践中。他反对师范生带有旧文人好逸恶劳的恶习，要求师范生经常参加劳动，养成劳动习惯，除参加植物园的实习劳动，还要参加校园植树，张謇还亲自带领他们去南通南边的军山上开荒造林，建"学校林"。此外，诸如打扫教室和宿舍、关闭门窗、整理食堂桌凳

从孔子到陶行知：中国师范教育思想精粹

等都要自己动手，他说"师范生为他日儿童表率，不习焉是犹似惰教也"。

张謇积极推进德、智、体三育的根本目的在于培养"健全之国民"，师范生的希望是"所望于诸学生，有高尚之思想，自立之志气，文明之公理，尚武之精神"，具有高尚之人格，成为对国家对社会有用的人才，人人都自觉地担当起"先知觉后知，先觉觉后觉之责任"，以提高整个中华民族的素质。

张謇不仅提出了德、智、体全面发展的近代素质教育思想，而且对三育的关系也有诸多论述。在德、智、体三者当中，张謇特别重视道德的主导作用，认为道德是人的灵魂，是立人、立学、立业的根本。他强调，"首重道德，次则学术""学术不可不精，而道德尤不可不讲"。师范生作为社会事业发展的后备人才，应该重视对他们进行学术技艺的培养，做到"德行必兼艺而重，艺尤非德行不行"，但是仍然要重视对他们道德品行的塑造。

除了强调对学生的道德品质教育之外，他也很重视对学生的知识教育。在他看来，科学知识是不断发展，必须用最新知识来教育学生，才能迎头赶上世界潮流，进而指出："世界今日之竞争，农工商之竞争也，农工商之竞争，学问之竞争。"因而经常提醒学生，这种竞争是激烈的、残酷的，要想在竞争中获得成功，必须具备良好的道德品质、渊博的知识和强健的体魄，这些基本的素质缺一不可。

张謇对体育也很重视。他对当时外国人称中国人为"东亚病夫"感到十分耻辱，决心奋起振兴体育，改变人们精神不振、不重视体育的风气。他认为没有一个强健的身体是不能胜任工作的，体育不仅能锻炼身体，也是培养人们遵守纪律、吃苦耐劳和勇往直前精神的有效手段。因而主张在各类学校中，把体育与其他各学科并重。在他创办的学校中都设有运动场，经常进行各类体育比赛。他还提倡开展军事体育、兵式操练，认为军事体育是振奋民族精神的重要手段。如，南通每年都要举行运动会，张謇总要亲自到会发表演说，鼓励学生积极参加体育运动。由于他热心体育事业，1921年中、菲、日等国在中国举行运动会时，张謇被选为运动会的名誉会长。

张謇一直把引导学生德、智、体全面发展作为教育的首要任务，培养"健全之国民"，这些师范教育思想不仅对我国近代师范教育的发展产生了极为深刻的影响，也为后来我们党和国家制定师范教育方针提供了重要的借鉴。

三、践行自得主义教授方法

张謇从1888年被延聘为江苏赣榆县（今为赣榆区）选青书院山长起，到1902年创办师范学校、普及小学，设立职业学校，开创纺织、农医专门学校，直至设立南通大学，前后从事教育实践活动长达三十多年。虽然没有专门系统的教育理论著作，但从他的教育实践中，可以总结出符合师范教育规律的教学经验，主要体现在由其子张孝若所编的《张季子九录·教育录》之中。

（一）因材施教

在师范教育实践中，他深知因材施教的重要性，认为人类的资质性情是有区别的，他说："位世者天地，而造世者人。天地无巧拙迟速，而人有智愚弱强贤不肖。"他主张教授方法宜采取"自得主义"，教师要根据学生的个性发展特点和智力发育情况"对症下药"，实施有针对性的教育。他认为教育者"有方而无方，有法而无法之事也，人不可无教，故无世无地，无事可以不教，是为有方。人不同世，世不同地，地不同事，又各有其不同，执古以例今，执今张以例彼，甲以例乙，则扞格而不入，龃龉而不容，火水而不亲，各宜所宜，各适其所适，是则无方"。他还打比方来喻理，如教聋人不能用管笙去教，因为他听不见；教盲人不可以用文字，因为他看不见。因而教学生"必因其所能而益以明，因其所能行而导之行，是为法。或举一而悟三焉，或兼两而始见一焉，或因负而觉正，因权而反轻焉，恶乎非法，恶乎非非法，是则无法"。他认为，人的脾气秉性不同，教授方法就不能一样，人各有优点，"毗阴、毗阳，各有所胜，略举其概，则刚、柔、宽、严、急、静、躁、疏、密、逸、肃，皆阴阳之见端也"。

张謇认为对小学生的教育很重要，特别要注意养成教育。他把小学生比喻成小苗，将小学校比作苗圃，教师是园丁，培护小苗使其茁壮成长，这就是小学教师的任务。他说"培护径寸之茎，使之盈尺及丈成有用之材，苗圃之事也，小学亦类似"。他又指出"学生犹水在盂，盂圆则圆，盂方则方。犹土在陶，陶瓦则瓦，陶器则器"。因而在教育学生的过程中，教师的行为规范和教学方法很重要，尽可能潜移默化。由此可见，张謇关于"教无定法""因材施教"的主张，甚合教学法上的适应原理，值得借鉴。

（二）重视思考

张謇提倡教学中教师要重视思考，熟悉教材，领会教材的精神实质，融会贯通。他对孔子的主张非常赞赏，孔子曰"学而不思则罔，思而不学则殆"，又说"吾尝终日不食，终夜不寝，以思'无益'不如学也"。所以思是学的方法，学为思的标的。孔子提倡君子九思：视思明，听思聪，色思温，貌思恭，言思忠，事思敬，疑思问，忿思难，见得思义——可见"思考"的重要性。教学上教师无所"思"，教学无计划，对教材领会不透，教学内容空洞无物，信口开河，就必然会误人子弟。

张謇重点论述了"以思运教"的思想，之所以重视"思"，原因在于他认为思考是师范教学中的一个重要环节，应予以重视。他强调"教思无穷"，把教与思放在并列地位，"教为定礼，而思无定向。以教致思，而思为宾，以思运教，而教为宾"。并且以三代教育为例，夏曰校，殷曰序，周曰庠，"校以教之，庠者养也，校者教也，序者射也。学则三代共之，皆所以明人伦也"。虽然三代校名各异，但教学内容单一，皆"主于明伦"，注重伦理教育和军事训练，这些学校"各因其时""义不相袭"。他认为"所谓教也，校、教、序、射、庠、养各因其时，而义不相袭，则思为之。塾之所以为塾也，庠之所以为庠也，序之所以为序也，学之所以为学也，如何而小成，如何而大成，则思为之。何为而须示以敬，何为而须官其始，何为而须孙其业，何为而须收其威，何为而须游其志，存其心，不躐其等，则思为之。有思而后教不穷，亦有思而后无穷"。张謇在掌教文正书院时，经常刻苦专研教材、积极思考研习教材。同时他在书院讲课时也重视运用"以思运教"，和学生平等相处，思教结合，切磋学问。可见，教师在教学中对教材加以思考贯通，是教学过程中的重要活动，值得重视。

（三）重视实践和直观教学

如前所述，张謇在对师范生的培养中，尤为重视"教学实习"一科。在章程中规定平时组织师范生参观小学，师范生在毕业之前最后一学期，必须就附属小学进行教学实习，实习生事先要写好教案，教学实习后师生要共同参加评议。教学实习不合格者不得毕业，并将此规定固化形成制度。

张謇也很注意直观教学。直观教学是近代教学上重要的方法，它是通过观察实物，借视觉、听觉、触觉、味觉及嗅觉等感官为媒介，以获得正确观念的方法。这种新的教学方法，来源于西欧。直观教学是在科学知识发展日新月异的环境下产生的。最早提出直观教学的是捷克教育家夸美纽斯，历经法国教育家卢梭、德国教育家巴西多、裴斯泰洛齐。裴斯泰洛齐乃集各家之言，创造性地提出关于儿童教育的数、形、词三要素的教育理论，主张教学时，应重视儿童的观察力，使其获得具体的影像。这些教学思想在清末民初传入中国，对革新科举教育中死记硬背的教学方法起到了积极的作用。张謇也受到这些理论的影响。基于此，他为了师范教学能有一个实习观察场所，除建立师范附属小学供师范生参观学习外，还建有博物苑、植物园、测绘所，供师范生结合课程学习时参证。他认为博物苑，"凡学于斯者，睹器而知其名，考文而知其物，纵之千载，运之异同者，而昭然近列于耳目之前"。设立植物园和测绘所，也是为了增加学生观察事物的能力。在他创办的其他学校中，农校设有农场，纺织学校设有工场或到纱厂实习参观的课程，医校设有医院等，都是为了培养理论结合实际的能力。

四、重视建立教学实习制度

教学实习制度的建立可以说是张謇对师范教育的又一重大贡献。张謇认为，"学必期于用，用必适于地"，就是说学生光有学问和理论是不够的，只有注重实地练习，才能真正养成实用操作技术，达到"学必期于用"的目的。尤其对于师范生来说，他们肩负着教书育人的重任，更要掌握将理论应用于教育教学实践的方法，积累实际教学经验，形成其教育教学的智慧，所以教学实习在师范教育中显得尤为必要。

为了培养师范生的教学能力，他提出师范要办附属小学，作为学生教学实习的场所，并提倡每届毕业生在毕业之前，都必须进行教学实习。张謇非常重视毕业生的实习工作，要求每个学生在实习之前，都要写好教案互相评阅，通过后才能登台试讲。讲课之后，由师生共同开展评议会，评议讲课中的优缺点。他认为，这种方法"盖教授之要"，即是培养教师提高教学质量的好办法。通州师范学校一直把这项工作作为每届毕业生的重要课题，教学实习不合格是不能毕业的。

通州师范学校和通州女子师范学校都设有附属小学，根据课程计划规定，师范生在毕业前的最后一学期，必须到附属小学进行实地练习，并且参观其他小学校，吸取具有丰富成熟经验教师的教学智慧。张謇对实习提出两点要求，即"备方案于未习之前"和"更加评论于既习之后"。教育是教师促进学生成长的一种期盼与努力，教师实施教学的目的在于"以我之势力，布置于儿童之头脑；儿童之注意，应我所期之约束已耳"。实习方案则是知识理论运用于教学及管理实践的计划，实习生要在实习之前准备好教案，实习结束后以实习方案为参照，反观教学实习环节及行为进行评说，述其得失。后者则是教学实施及管理实践的反思、总结及改进预设，是在自我教学体验及理解基础上的重新感悟，为后续的教学行为提供背景资源，以及策略走向。

张謇对教学实习的深刻见解及有序安排，使通州师范学校的教学实习逐渐制度化。1906年，通州师范学校成立了"教授法实习会"，专门负责师范生实习的评价工作，使本科生的教学实习更加严格有效。他还主张将每届师范生的实习档案装订存档，这样既可以对当时的实习情况留有记录，又可以为后届学生提供教案编写的参考，这一思想极具前瞻性。由此可见，张謇对教学实习的重视，凸显了他对师范教育特有教育规律的充分认识和把握。

总的来看，张謇认为要普及教育必须办好师范，提出师范是教育之母的思想。就师范教育而言，在招生方面主张严把师范生招生质量，保证生源质量；在办学思想上主张德、智、体全面发展，把德育教育放在首位，推行普及教育；在教学实习方面主张附设小学供师范生实习地，并要求师范生认真写好教案，提升教育教学能力，教学实习合格才予以毕业；在教师聘任方面主张提高教员的待遇，要求教师认真负责地教好学生，对师范生要严格要求，树立严谨、刻苦学习的学风；在教育经费筹措方面主张勤俭办学，艰苦奋斗、自力更生。所有这些，都是值得称道的，也是值得今天效法的。南通师范学校，由于继承与发扬了良好的办学经验和优良校风，目前仍然是全国办得较好的高等师范学校之一。

拓展阅读

[1] 张兰馨. 张謇教育思想研究 [M]. 沈阳：辽宁教育出版社，1995.

[2] 吴良镛. 张謇与南通"中国近代第一城" [M]. 北京：中国建筑工业出版社，2006.

[3] 马斌. 张謇实业与教育思想概论 [M]. 苏州：苏州大学出版社. 2006.

[4] 李建求. 一位实业家的教育思想与实践：张謇的教育救国梦 [M]. 广州：世界图书出版广东有限公司，2011.

[5] 张謇. 张謇自述 [M]. 文明国，编. 合肥：安徽文艺出版社，2014.

[6] 张謇. 张謇论学集 [M]. 上海：商务印书馆，2019.

[7] 张孝若. 张謇传 [M]. 长沙：岳麓书社，2021.

[8] 蒋国宏. 审视与比较——张謇的思想与实践研究 [M]. 上海：上海书店出版社，2021.

第十三章
经亨颐师范教育思想

经亨颐（公元1877年—1938年），字子渊，号石禅，晚号颐渊，浙江上虞人。经亨颐出生在一个富裕之家，自幼入私塾"攻习制艺，兼及诗文"，且"颖悟异常，才气逾人"。19岁时，父亲离世，赴上海投奔伯父，并成为伯父的文字秘书。1898年，戊戌政变后，伯父经元善联络上海绅商50余人发电报力争，经亨颐也自请列名。经氏伯侄遭到清政府通缉，被捕后关押一年才获释。经此劫难，经亨颐越发感觉到国家的贫弱、政府的昏庸，萌发赴日留学的想法，试图运用所学之识报效国家。1903年，27岁的经亨颐自费东渡日本留学，他先在东京弘文学院学习日语和普通科知识。三年后，入东京高等师范学校读本科，主攻物理、化学。入学不到一年，经亨颐又改学数学、物理。1908年，休学一年，回国参与浙江官立两级师范学堂的筹建工作，并任教务长。1909年，经亨颐再度赴日完成学业，学成回国后，仍任浙江官立两级师范学堂教务长。1912年，浙江官立两级师范学堂更名为浙江两级师范学校（后又更名为浙江省立第一师范学校，即"一师"），经亨颐任校长。不久，他被推举为浙江省教育会会长。经亨颐在浙江官立两级师范学校进行大刀阔斧的改革，努力将自己的办学理念付诸实施，通过"一师"的改革促进了整个浙江教育的进步。1920年，经亨颐受浙江上虞富商陈春澜所托，筹划春晖中学创办事宜，并被学校董事会公推为校长。在此期间，因支持五四运动，反对浙江省当局对学校事务的干涉，被政府撤销了"一师"校长职务，此举遭到了学校师生和社会进步人士的抗议，在杭州掀起了声势浩大的"挽经护校"运动，并酿成次年的"一师风潮"。1921年，经亨颐回到上虞老家，筹建春晖中学，以求这所私立学校"贯彻教育必须适应潮流（指五四运动之新精神）之主张"。次年9月，春晖中学在白马湖畔落成开学，经亨颐秉持"纯正教育"之理念，顺应教育新潮流，大胆革新学校管理，实施民主管理，当时有"南春晖，北南开"的美誉。在很短时间内，春晖中学一跃成为全国瞩目的学校。1923年，经亨颐兼任宁波浙江省立第四中学校长，在此期间他不断加强春晖中学与城市学校的交流，使春晖中学的学生兼具城市学生的开阔视野。1926年以后，他更多地参与到政治事务和社会运动中，与马叙伦、何香凝、宋庆龄、柳亚子等民主人士为国家的民主和平而奔走呼告。1933年，经亨颐联合社会进步人士在家乡上虞创办了大同医院，并捐出房产和田产，以解决医院用房和资金问题。大同医院的落成，很大程度上改变了上虞地区的医疗困境。1938年9月15日，经亨颐在上海逝世，享年62岁。

经亨颐是我国近代著名的教育家，在20世纪初活跃于浙江省教育界。特别是在师范教育方面，秉承"纯正教育"的思想，强调德智体美全面发展；推行人格教育观，认为学校不是"贩卖知识之商店""求学为何？学为人而已"，所以当以陶冶人格为主；并身体力行开展师范教育改革实践，在教法上，提倡"自动、自由、自治、自律"，提出"训育之第一要义，须将教师本位之原状，改为学生本位"，主张成立学生自治机构，同时要求教师必须有"高尚之品性"，反对那些"因循敷衍，全无理想，以教育为生计之方便，以学校为栖身之传舍"的庸碌之辈。此外还力主活跃学术空气，丰富课余生活，注意多方面培养和陶冶学生人格。

一、秉承"纯正教育"思想

教育思想是教育家办学实践的基础，办学实践的过程可以说是实践其教育思想的过程。"纯正教育"思想是经亨颐的办学思想，在1915年10月孔子诞生2 466年纪念大会上，他提出："今姑不言其他，吾辈研究教育，先论孔子之教育，《论语》一书即一部大教育学，索其要旨，不外因材施教、因时制宜八字，故孔子之教育，纯正教育也。"并在此基础上进一步提出，"纯正教育"就是"宗教中立，为纯正教育之一义。推而言之，政治中立，亦为纯正教育之一义。因材施教、因时制宜，即包含于斯二义之中"。归纳起来看，主要有三层含义：纯正的教育是精神上独立的教育；纯正教育目的是非功利性的，是直指"人"的教育；纯正教育不是一成不变的，而是不断变革处于发展中的教育。

（一）倡导教育精神之独立

第一，经亨颐认识到教育保持纯正独立的必要性。他认为，"纯正教育"好比"清水"，"共和之流弊"好比"糖"，"君主之流弊"好比"盐"，通过充分发挥教育的作用，尊重教育发展的规律，以"教育之水"来融化"社会之流弊"，即"多量之清水能融化糖与盐"，因而他赞同教育经费独立、教育行政独立的主张。与此同时，他也清晰地认识到，除了形式上的独立，教育在精神上的自由才是"教育独立之真体"。"教育不过为国家社会之方便，执行防止之职务，已近政治性质，绝非纯正之教育。……教育为国家社会之先导，不随国家社会为浮沉也。故国家社会之趋势，不过供教育之参考，绝非绝对之标的。""即使政府而有摧残教育之事乎，亦不过摧残形式上之教育，而精神上之教育，无与焉。"正是由于秉承了这样的教育精神，经亨颐在浙江"一师"期间坚持保护学生运动，甚至不惜与当局发生冲突而被迫离职。

第二，经亨颐认为理想中的教育应该是教育家统治的事业。他认为，一所学校想要在行政上完全脱离政治束缚是非常难的，特别是那些在经费和行政上依赖于政府的公立学校，形式上主要由政府控制，但是教育精神上需要保持相对自由独立。针对这一问题，经亨颐希望通过教育家办学来予以解决，指出"教育者对于社会一般不可无牺牲之性质，能适应世俗之好恶，方为教育者特异之人格""教育，立于社会基础上之事业，教育者相当于柱石之材，彼突我凹，与世无争"。因而他提出，要"以教育为哲人统治之事业，则教育行政机关，必独立而始能受哲人之统治为统治"。

第三，经亨颐强调要保持学术知识、思想自由。当时教育被政治绑架，"这样一来，教育遂因政治界的风潮而时有变迁，教育的精神，学术的尊严，全被破坏；甚而至于对于学校毫不负责，除了几个简单的某主义的名称和口号强学生记忆外，学生的学业、品行都不重要。这种外来的侵袭实在是教育的致命伤"。因而他提出教育精神独立，但是这种独立并不意味着将教育与社会完全隔离开来，而是应该尊重教育的主体性，将"教育交给教育"，让"教育成为教育"。在浙江"一师"办学期间，经亨颐非常注重校内学术与思想文化传播的自由，引入《新青年》《每周评论》《解放与改造》等进步刊物，组织在校学生创办介绍社会主义的刊物《浙江新潮》，因之浙江"一师"的教师和学生"渐渐脱离旧思想、旧学术、旧风俗、旧习惯、旧制度的种种束缚，觉悟着时代的趋势，人生的真义"。

（二）倡导教育目的纯正性

第一，纯正教育是指向"人"的教育。经亨颐从当时的教育环境出发，认为传统旧教育是"铸型"的教育，在传统学校中"学生毕业一级一级，何异铅弹一箱一箱？……奈现今之学校，压抑个性之发展。法则一如铸型，教育者一如工人，误划一为统一，统一者于多样变化中有一贯之处，划一同样无变化，统一固必要，而划一必为有害，可断言也"，并且指出"吾国现今之学校不过一贩卖知识之商店……教师与学生是职业之交际，学生但知有上课之义务，责问之权利；教师但知有束脩之权利，到校之义务"，由此导致"吾国各学校之毕业生之不升学或赋闲者多"。因此，经亨颐认为，纯正教育要"一洗从来铸型教育之弊"，纯正教育的目标应该直接指向"人"的个体，重视对学习者的人格培养。他将对学生的人格教育视为"治本之事业"。"人格者，良心之模型，道德之容器也。""无人格之社会，绝非良好之社会。""欲养成学生为社会有用之人，不患职业，而患无人格。"由此看来，纯正教育就是要使受教育者形成一个健全的、日趋完善的人格，实现"对于人性为积极的图其发展"。

第二，在实施纯正教育中，教师需具备纯良的品性。经亨颐认为，"校长教师们既将教育看作权势和金钱的阶梯，学生们自然也将教育看作取得资格的阶梯。……教育的价值却已丝毫不存在！"所以他主张教师必须以身作则，提出"纯正教育"需要"纯正之人"来实施。"教育之效果，决不在于规则方法之间，而存在于社会之信用与教育者之人格之间。"因而他反对"因循敷衍，全无教育理想，以教育为生计之便，以学校为栖身之传舍"的传教者，教师不仅要有高深的文化知识、宽广的教育视野，而且需要具备坚定的教育信仰、高尚的品性和"屈就"之精神。一方面，"教育者对于社会一般不可无牺牲性质，能适应时俗之好恶，方为教育者特异之人格"。经亨颐认为，纯正之教育者好比甘愿做房屋建筑中最为普通的"榫"，"今中国栋梁之材不患不多，所缺者凹榫之柱石耳，倘柱头亦是凸榫，大厦其何以构成耶？政治家、元勋伟人也，皆为凸榫之栋梁。教育，立于社会基础上之事业，教育者相当于柱石之材，彼凸我凹，与世无争"。另一方面，"教育者与世无事，绝非与世不融，欲实行其教育之目的，且须屈就与一般人民相交际，此名士之所不屑，而教育家所不得不为""'屈就'二字之意义，非敷衍也，非自侮也，亦非以生存竞争之紧张而自甘退让也"。因此，纯正之人即使在各种硬性条件不完善的状况下，也不会放弃教育理想，而是"以极限之条件、经济的方法，希其成功"。因此，经亨颐在浙江"一师"时，要求教师尊重学生的人格，更重要的是以身作则，以自己的人格去感化学生。"利用感动之方法，使心情与吾性共鸣，不取理论的分析方法，而取艺术的方法。""以直观而刺激其情意之活动，使全精神相感应。"

第三，在实施纯正教育中，学生要注重知识学习和个性发展。经亨颐认为，教育的主体是学生，教育者要按照教育规律办事，让学生获得自然发展，并指出："教育当体之儿童能力不同之事实，必为一切计划之基础。奈现今人教育并不顾及儿童之境遇与能力，立划一之制度，不拘贫富，不论贤愚，同一修业年限，但以年龄编制学级，不问身心能力之差别，强使其履修同一课程。如以此为学级教育之本体，何异庭园用之刈草具，实属大谬。此等制度，速宜打破，树立正式教育即本体之学校教育。学级固有编制之必要，而其编制之标准，切莫全为图教育之便利而不为被教育者着想。试问，吾人日言教育，为自己图生活已乎？抑为被教育者谋利益，儿童为吾辈所牺牲乎？抑吾辈为儿童所牺牲，而何以贤愚混同，幽闭于一教室，阻止颖才，苛促低能，同一题材，同一方法，个性发展云乎？铸型教育究不成其为教育，个人能力必有差别，断无同人方法可使万人同样理解之教育法。"一方面，经亨颐认为，严格知识学习能够为学生的日后发展夯实基础，使学生毕业后"出而问世，游刃有余。今日苦，即将来之乐，在校时难，即出校后之易也"，因而当时在浙江"一师"的学习训练标准很高，要获得甲等操行等级，并不容易。另一方面，经亨颐认为，学生除了要有普通教育之知识，还应该具备独立而先进的思想、强健的体魄，而自由宽松的校园文化氛围则可以让学生发展个性，陶冶性情。当时浙江"一师"的校友会吸收了大批在校教师和学生，"以陶冶校风、锻炼身体、养成善良之校风为宗旨"，校友会下设文艺部和体育部，其中文艺部包括言论、杂志、音乐三股，体育部先后设置过足球、篮球、游泳、弓箭等。另外，浙江"一师"也非常注重学生自我管理，提倡"自动、自由、自主、自律"。在学习知识上，实行以学生为主体，教师发挥"指导""陶冶"的作用。在学生管理上，鼓励学生自治，"我们要达到'人人自由的目的'的第一种条件，就是先要人人自治。历来中国的国民是一种被治的国民，……以实现真正的民主共和国精神，不是先养成自己的自治能力不成功的。……学校应该用自治的组织，养成个个能够自治的学生，创造理想的自治组织的国家、世界，或社会的缩影……"

（三）倡导教育是"动的教育"

第一，教育不是故步自封的，而是要与时俱进的。经亨颐认为，传统封建教育单纯重视知识的传递和沿袭，相对而言，"纯正教育"是不断变革处于发展中的教育，是"动的教育"，而非"静态的教育"。他认为，"夫教育为继往开来之精神事业，维持之责任，传达之责任，不过仅仅继往而已，未足以言开来也。以现代为本位，往者在前，来者在后。教育者瞻前而不顾后，即静的态度也；瞻前而同时顾后，则可谓动矣"，因而教育的任务"不但维持文化，尤当改造文化；不但传达文化，尤须增进文化。……由维持而加以改造，又传达而益以增进，则可谓动矣"。因此，经亨颐认为，要以思想引领行动，"诚以思想为事实之先导，非不能成事实也，未成事实而已。未成事实，故谓思想"。并且对教育发展与社会趋势之间的关系进行了论述，教育是为应现在之趋势而定将来之教育方针，非应现在之趋势而改现在教育之方法，教育作为社会的先导，不应该完全随波逐流。

第二，教师要加强学术研究，不断提高职业素养。经亨颐极力反对将"资格""经验"作为评判教师的唯一标准。"某处出身或取得检定资格，以为终身衣食在斯。""其滥竽者因循恋栈，虽任事多年，岂可谓经验！"虽然"资格""经验"是教师职业的门槛和晋升的依据，但是随着教育的发展，对教育者职业素养的要求也会更高。针对教师仅以教学为本职工作，不愿埋头做学术研究的状况，他认为，"人微言轻，实为专制黑幕中之格言，岂尚适用今后之社会！共和之真义，则为'人微言重'，即义之所以为正人道之所由昌明也。知人微言重之意者匹夫有责，虽为小民，发表研究，犹不刻缓"。他从教育不仅在于传递文化，更在于增进、改造文化的角度出发，认为教师应该"惟教学半"，把学术研究作为教师的职业追求。

第三，学生的培养要符合时代的要求。经亨颐认为，"今日既有学校，介于家庭社会之间，明明是学为人之处，一般社会中人，未得学为人之处。所谓学生之社会服务，即在学校所学为人之道，传诸社会，使一般社会亦知为人之道之意而已"。传统封建教育中的学子"窥其志虑，求取功名之外无其它志"，因而他主张改变传统求学入仕的教育价值观，强调对学生的培养要符合社会、时代的需求，用其所学报效国家，即学校不仅仅是"读书的地方"，学生也不仅仅是一名受教育者，接受教育不光是单纯地知识学习，更是为报效国家做准备。

案例阅读

经亨颐"与时俱进"的教育改革精神

五四前夕，经亨颐将原来的《教育周报》改为《钱江潮》，不断发表进步文章，使其成为倡导新文化的工具。在第一期上，他发表了《动学观与时代之理解》一文，提出了"与时俱进"的教育改革方针，酝酿进行改革。五四运动爆发后，作为一位有声望的教育家，他毅然站出来支持进步青年的爱国运动，1919年5月12日，杭州各校学生上街游行声援北京，这一天经亨颐在日记中写道："9时，全城中等以上学生3 000余人，自公众运动场出发，先过教育会，气甚壮，余出助呼万岁，直至下午3时始回原处，秩序甚好。"他的这一行动，给了学生极大的鼓舞，但也招来了顽固守旧势力的攻击，反动当局甚至扬言要撤他的职。但经亨颐不以为然，依然为支持学生运动而奔波，他在5月27日的日记写道："余所处地位，新旧交攻，众矢之的，收放则可，而志不能夺！"6月12日，当五四运动取得胜利的消息传到杭州后，他高兴地欢呼："民治精神可贺，可贺！"在迎接五四新思潮的同时，经亨颐的思想也在这场运动中得到洗礼，他曾说："五四运动凑巧为我做十周年的纪念（在'一师'任职），使我大觉悟、大忏悔。""这几月的进步，至少抵得上二十年。"

二、养成人格之师范教育观

经亨颐认为，人格是"各个人所以成社会之最要条件""为维持社会之要件""一方面是自立的、个人的，他方面为协同的、社会的"。从师范生培养来说，"人格教育以狭义言之，即德育、知育"。通过德育、知育两方面的训练，使学生成为正直、坚强、学识兼备之人才，成为对社会有用之人。

（一）师范生的职业目标与精神品质

经亨颐认为，作为一名师范生，从进入师范学校开始，就要有"永为教育者之决心"，能够以教师为终身的职业，以教育家为职业发展的方向。一般来说，师范学校培养目标仅仅定位于"养成小学教员"，而很少提"养成教育家"。

因为教育家的养成需要教师不断提高理论素养,并经过教育实践的历练。所以在师范生毕业离校时,他都会告诫毕业生:"诸生在校五年,不过他律的养成小学教员,尤望诸生今后以自律的养成教育家。今日毕业式,校长只可证明诸生为小学教员,不敢证明诸生为教育家,留以待诸生之自己证明,当仁不让,青出于蓝,校长有厚望焉。"因此,经亨颐强调,师范生既然是未来的教师和教育家,他们除了和普通学校学生一样,要做到德、智、体、美全面发展之外,还要具备以下精神品质。

首先,要有甘为"柱石"的奉献精神。经亨颐认为,国家好比大厦,政治家、工程师犹如栋梁,教育者应该承担柱石的作用,甘为铺垫,"彼凸我凹",做到相辅相成。他曾说:"以人才喻栋梁、柱石常闻之,然构成大厦最要之关节,则为此凸彼凹相接合之斗榫。若无斗榫,虽栋梁之才不足用也。且既有栋梁之凸榫,若无柱头之凹,虽栋梁之才亦不足用也。今中国栋梁之才不患不多,所缺者凹榫之柱石耳,倘柱头亦是凸榫,大厦其何以构成耶?政治家、元勋伟人也,皆为凸榫之栋梁。教育,立于社会基础上之事业,教育者相当于柱石之才,彼凸我凹,与世无争,始无不合,否则即失其柱石之资格。"

其次,要有"为社会作马牛"的服务精神。经亨颐提出:"为儿孙作马牛,天性也;为社会作马牛,天职也。"意思是,父母对子孙尽心尽力,是天然的血缘关系使然;而教育者对社会的奉献精神,是出于国家、民族的高度责任感。所以教育者应该全身心投入教育事业,具有"为社会作马牛"的服务精神。经亨颐认为:"为儿孙作马牛,数千百年来构成依赖儿孙之通性。余之所谓为社会作马牛者,亦有依赖社会之希望,今后余认定教育当依赖社会,故愿为社会作马牛。"因而教育者应为社会服务,同时教育事业也应依赖于社会,为此,他强调教育者要具备高尚品性,"与世无争"。

最后,要有吃苦耐劳的"屈就"精神。经亨颐从当时国内贫穷落后的社会状况,以及国民受教育的程度迫切需要提高的实际出发,认为"行政立法,徒束缚教育而已,欲言发展难矣哉",认为教育者必须具备吃苦耐劳的精神,要想办学校不能就奢谈"必须洋房,必须完全设备,必须若干经费"。他说:"'屈就'二字之意义,非敷衍也,非自侮也,亦非以生存竞争之紧张而自甘退让也。"面对当时困难的社会局面,经亨颐勉励教育者不要抱消极,并鼓励道:"余对于政府之摧残教育,丝毫无悲观、无悔心。"正是由于条件艰苦、时局困难,就更需要教育者具备坚强毅力和吃苦耐劳的精神。

(二) 师范生人格教育的方式方法

1912年,蔡元培在参议院发表演说时指出"普通教育务顺应形势,养成共和国健全人格",明确提出了"民国教育以养成共和健全之人格为根本方针",正式提出养成健全人格的教育目标。在此之后,教育界开始提倡实践人格教育学说。经亨颐在浙江第一师范学校任校长时，创办《教育周报》，宣传和介绍人格教育，并办学实践中逐渐形成了自己的人格教育思想。

第一，以"诚"字为"一切人格之要件"。经亨颐认为，"人格之最完成者为天，即一诚字。各个人不遗余力秉其至诚以形成人格，即思诚者人之道也"，他在浙江第一师范学校制定了"勤、慎、诚、恕"四字校训，并以"诚"为校训之中心。他认为，教师要发挥榜样示范的作用，"学高为师，身正为范"，作为教师既要教给学生知识，更要教会学生做人的道理。教师首要的是"诚"，才能使学生达到"诚"，"'狡兔三窟'那是政客生涯，当教师本不应该如此""为某校教师，诚意为某校尽力，这就是最好的'诚'"。另外，学生也必须具备优良道德。他认为，师范学校必须重视操行考查，严格掌握标准，因为师范生是未来的教师，"种瓜得瓜，种豆得豆，其影响及于社会尤为重大"。

第二，养成健全人格要注重德智体美全面发展。"人类之事，人类自主之人格，亦人类自己构成之。自有人类以来，早有理性淘汰，早有人格，……。""概念愈联合，言语愈复杂；理性愈发展，而人格愈实现。"经亨颐认为，教育、理性、人格三者是相互联系的，教育能够促进人的理性发展，然后理性愈加发展，人格也就更加能够得以实现。"教育弥漫社会全体，包括人生一切"，可以说，"教育充满于人格之内"，要想"阐透教育之意义，必明人格之解释，二者有密切之关系，即人格教育为思想上不拔之理也"。所以经亨颐强调师范生培养不仅要注重智力培养，还要注重对多方面素质的培养。为改变传统教育"死读书、读死书"的倾向，他在浙江"一师"规定体育、音乐、图画、手工等科目的自修和教授时间的比例，与国文、数学一样均为2∶1，其中体育课不得无故缺席，并明确宣布"体操（即体育）为本校所注重，尤为时世之要求，不可或忽"。

第三，采取"自动、自由、自治、自律"的人格训练方法。在人格训练方法上，经亨颐认为要尊重学生的人格，使学生有自发之活动、自由之服从、自治之能力、自律之行为，而不是运用强迫命令和纪律束缚的方法。具体来说，他认为学校训育包括教师本位之训育和学生本位之训育，教师本位之训育主要是以教师意志强迫学生服从，这种训育带有强制性的色彩；学生本位之训育则是让学生自觉自愿服从，这种训育是由他律进于自律的初阶，"仅知服从而不知所以当服从之理，是属他律的动作，而自动能力殊无启发之可期，何以自立于社会，何以自谋生活"。经亨颐主张"今后训育之第一要义，须将教师本位之原状，改为学生本位"。为了养成学生自治的能力和自律的习惯，他把学校事务也分为学校行政和学生自治两部分，并提出成立学生自治机构，由学生自己管理自己，学校应负劝导之责，教师也需要起到"指导"和"陶冶"的作用。他认为，"本校（'一师'）学生自治，我们校长、教员，决不是不管的，决不是不负责任的"。

而且他还对校长教员提出了要求，要求他们对学生自治会"不可以威权用事，不可以束缚学生精神，但是做校长教员仍有不能不切实指导的责任。否则你为什么叫做校长教员呢"。他在《歇白马湖生涯的春晖学生》讲演中说道："切勿忘思自由——要知道自由成立于共同生活，决不能成立于个人理想。"另外，经亨颐还编写了学生自治歌："不知人生，哪知自治？自然淘汰误至斯。禽兽草木无理性，山川风月无意志。教育为何治何为？理性意志各自治。"当时的浙江"一师"、春晖中学在学生自治方面进行了积极的探索，开创了浙江省教育界的先河，其他学校也开始效仿。

三、改革师范教育制度体系

1915 年，在召开全国师范学校校长会议前夕，经亨颐在《改革现行师范教育制私议》中提出："现行师范教育制，有改革之必要，近日教育界，几成一致之论调。夫现制易为须改革，是盖确见有不改革之窒碍与夫不可不改革之理由。概括言之，现行师范教育制度，受中学之牵制，其教课与程度，皆与中学比较而定，非由理想而定。故现行之师范教育，可谓无独立之精神。"1919 年 10 月，在第五届全国教育会联合会上，他起草了《改革师范教育的意见》作为议案提交大会审议，指出："如今欧战告终，思潮革新，万难遏止，难道还不是决心应当改良的时候吗？"

第一，建立一个独立的师范学制系统。针对"现行的师范教育，处处绝了师范生进取的路"，他提出建立师范学制系统，使师范生能够像普通学校的学生一样升学，以示学业无止境之意。师范学校根据学业程度，可以分成三期，具体来说，把讲习所改为第一期师范学校，主要以培养国民学校教员为教育目标，修业三年，第一期师范学校的毕业生，达到服务年限后，经过考试可以升入第二期师范学校；师范学校改称第二期师范学校，主要以培养高等小学教员为教育目标，修业三年，第二期师范学校的毕业生，达到服务年限后，经过考试可以升入第三期师范学校；高等师范学校改称第三期师范学校，主要以培养中学教员为目标，设预科（二年）、专修科（三年）、研究科，每省设置一所，第三期师范学校的毕业生，达到服务年限后，可升入大学的教育科，国立大学应设教育科。

第二，师范学校要以养成小学教员为目标，课程设置与教学内容需要体现"师范性"。经亨颐认为，师范学校中最重要的三门课程是国文、数学、教育，其中首先要改革教育学科，要依据师范学制系统的三个阶段，课程教学内容也要循序渐进，各有侧重。"第一期师范，注重方法；第二期师范，注重理论；第三期师范，注重各科教授法。大学的教育科，那是教育精神唯一的机关，要创造思想，介绍新说，负完全责任，叫做'无尽藏'就是了。"其次要改革国文教学，他主张以通俗的白话文来替代文言文教学。因为师范学校的任务"不是单单制造几个学生"，目的在于普及教育，而"中国文字不改革，教育是万万不能普及"的。针对当时社会上批评师范毕业生的国文程度还不够的问题，经亨颐说："我想这短短的五年期间，要养成从前进士、翰林的一种文章和不中用的诗词歌赋，无从着手的经史子集，不但苦煞了学生，实在看错了人生。所以我决定'国文应当为教育所支配，不应当国文支配教育'的宗旨，非提倡国语改文言为白话不可。我们师范学校，无非为普及教育，不是'国故'专攻。""我认为提倡白话以后，才可以讲教育，本校要讲教育，所以决定要改革国文教授。"

第三，改"学年制"为"学科制"。他认为，学年制主要以限定的时间、统一的教材，对所有学生有统一的要求。学年制的缺点主要是"轻视青年的光阴，束缚学生的能力；尊重办事的程序，演成划一的流弊。有一门成绩不及格，就要叫他留级一年，其余及格的学科，也要罚他重习一年，而且不到班仍要扣分"。学年制单纯地强调整齐划一、没有考虑到学生个别差异。因而他提出必须加以改革，实行学科制，其中学科分为选修和必修两种。学科制的办法能够做到以学科为单位，每学科又分几个学分，分成几年修完，这一制度能够兼顾学生个性发展，灵活机动。

第四，改"教员委任制"为"教员专任制"。从教师角度来看，"教员委任制"下教师通常同时兼任多个学校的课程，他们只对教的课负责，对于整个学校的责任感就不强，他们可以"骑两脚马三脚马，多兼几个学校，这校不成还有那校可以做退步，这种当教师心理上的弱点，也是难怪的"。从学生角度来说，教师兼任多校的现象削弱了对学生教育的精力，只是"为权利而为佣工，非为对于佣主尽义务而为佣工"，这样学生和教师没有"感情和信仰之上的"关系，教师通常只是对课程内容和课堂纪律负责，没有给予人格教育所要求的恰当指导，学生也就不可避免地冲撞和影响到教师。早在1915年《全国师范校长会议答复教育部咨询第一案》中，经亨颐就正式提出教师专任的建议，并指出："人格教育以狭义言之，即德育、知育。近时学校教育之无训练，无可讳言。推其故，教员之不负责任为最大原因。盖教员非专任，对于职务无稳确之观念，对于学校无专任之精神。欲言人格难矣哉。故任用教员宜专任，他如检定试验、优待教员等，即宜规定办法，务使教员愿负责任，学校始能收训练之效。庶人格教育不致偏废矣。"他还进一步道出实行教员专任制的理由："现在我们中国学校的流弊，都是校长专权的缘故。做教员的至多对教课负责，不是对于学校负责。兼着好几处教课，更没时间可以研究。"实行教员专任制后，教师具有更高的主人翁意识，能够对学校以及教课以外的职务负责。具体措施来说，一是要扩大专任教师的数量，他提出，最好的办法是"校内校长以外，概为专任教员"。二是营造教师专任的大环境，提出"有任期的专任制"，并改变以"课时"记工资为"年修"计算总量，按月发放，通过长时间段的工资计算方式，保证教师较长时间受聘于学校。三是建立专任教师多重社会角色平台，促进教师专业发展。

经亨颐是我国近代师范教育杰出的探索者和实践者。在教育目的上，以教育为信仰，实施"纯正的教育"，始终以陶冶学生健全人格为主旨，着眼于师范生的人格陶冶和全面发展；在教育内容上，主张遵循教育固有的规律，提倡人格教育，注重学生个性的发展；在教育方法上，强调因材施教、因时制宜，要彰显学生主体地位，注重培养学生的自主性、能动性和创造性，高度关注学生自我意识的觉醒、自我能力的提升、自我价值的实现，在教育制度上，提出建立师范学制系统的设想，虽然难以付诸实施，但内里所含师范生应不断进取、永不满足和学习、实践、再学习、再实践的思想是十分有意义的。他在浙江第一师范学校进行了大胆改革，用心经营浙江第一师范学校长达十年，培养了众多杰出人才；创办私学，阔斧开拓。1922年12月，在春晖中学开学典礼上，经亨颐这样说："近年来奔走南北，有一种感触，觉得官立的学校，实不能算好……我第一希望社会能同情于春晖，第二希望校董能完全负责，第三希望有安心的教员，第四希望有满意的学生。这四种是学校办好的条件……"他一手筹划享有"南春晖，北南开"美誉的春晖学校，创造了20世纪20年代中学教育的传奇佳话。

拓展阅读

[1] 张彬. 经亨颐教育论著选 [M]. 北京：人民教育出版社，1993.

[2] 董郁奎. 一代师表——经亨颐传 [M]. 杭州：浙江人民出版社，2007.

[3] 李兴洲. 大师铸就的春晖：1920年代的春晖中学 [M]. 北京：人民出版社，2008.

[4] 孙昌建. 浙江一师别传：书生意气 [M]. 杭州：浙江人民出版社，2011.

[5] 张彬，经晖，标建平. 经亨颐集 [M]. 杭州：浙江大学出版社，2011.

[6] 经亨颐. 砥砺者 [M]. 北京：中国文史出版社，2017.

[7] 经亨颐，柳亚子. 先生归来兮：经亨颐，培养独立人格为先 [M]. 北京：中国文史出版社，2020.

第十四章
蔡元培师范教育思想

蔡元培（公元1868年—1940年），字鹤卿，号孑民，浙江绍兴山阴人，是中国近代著名的资产阶级教育家和革命家，他一生的教育思想和教育实践都非常丰富。1868年，出生在浙江省绍兴府的山阴县。1871年，4岁的蔡元培入家塾。1884年，考取秀才。1885年，设馆教书。1889年，中举人。1890年，进京会试得中，成为贡士。1892年，经殿试中进士，被点为翰林院庶吉士。1894年，得授职翰林院编修。甲午战争爆发后，开始接触西学。1898年9月返回绍兴，任绍兴中西学堂监督，提倡新学。戊戌变法的失败，使他认识到"清廷之不足为，革命之不可以已，乃浩然弃官归里，主持教育，以启发民智"。他萌发教育救国思想，1901年，到上海代理澄衷学堂校长，即为首任校长，9月，被聘为南洋公学经济特科班总教习。1902年，同蒋智由等在上海创办中国教育会并任会长，兴办了爱国学社、爱国女学等组织，宣传民主革命思想。1904年，在上海组织建立了光复会。1912年，中华民国临时政府在南京成立，他就任南京临时政府教育总长，发表《对于新教育之意见》一文，吹响了全面改革旧教育的号角。在该文中，蔡元培提出了军国民教育、实利主义教育、公民道德教育、美感教育和世界观教育的"五育"方针，作为其通过教育打造国民理想人格的基本方略和纲领。此间颁布了《普通教育暂行办法》，并主持制定了《大学令》和《中学令》，这是中国的第一个大学和中学校令，他强调要把中学和大学建造成健全国民的学校，主张采用西方教育制度，废止祀孔读经，实行男女同校等改革措施，确立了中国资产阶级民主教育体制。1912年7月，蔡元培主持召开了全国临时教育会议，制定了"五育"并重的教育方针，并建立了"壬子癸丑学制"。1916年，受命担任北京大学校长，他着手整顿和改革北大，提倡"思想自由，兼容并包"的办学方针，实行"教授治校"的制度，推行学分制，设立研究所，培养研究型人才，支持新文化运动，使北大成为新文化运动的中心和五四运动的策源地。1918年，他更明确地指出："大学为纯粹研究学问之机关，不可视为养成资格之所，亦不可视为贩卖知识之所。学者当有研究学问之兴趣，尤当养成学问家之人格。"1920 年，蔡元培与李石曾、吴敬恒，利用庚子赔款，筹办中法大学于北京，蔡元培任校长。同年蔡元培允许王兰、奚浈、查晓园三位女生入北大文科旁听，当年秋季起即正式招收女生，开中国公立大学招收女生之先例。1927年起，在南京国民政府任大学院院长、司法部部长和监察院院长等职。1940 年 3 月 5 日，在香港病逝。

蔡元培对中国近代文化教育的贡献是勋劳卓著的，他代表民国南京临时政府教育部提出了"五育"不可偏废的教育方针。他主管中国最高学府北京大学，革除了腐败奔竞恶习，繁荣了学术，培养出大批人才，并且提出了适应学生身心发展程序的教育主张和办学思想。他的教育思想和教育理论，为我国资产阶级的教育思想和教育理论奠定了基础，为中国教育思想史开辟了一个新时代。他的很多教育思想和主张，是他在长期教育实践中体验出来的，是他教育经验的总结，其中反映出教育和教学规律的地方有很多。蔡元培的教育思想，值得深入研究，并应从中汲取具有科学性和民主性的成分，使其成为培养德智体美等方面和谐发展的社会主义新人，搞好社会主义教育改革的借鉴。

当时的严酷现实唤醒了蔡元培寻求振兴民族之道的意识，基于对当时国情的客观认识，他选择了"教育救国"的道路。晚清时期，很多中国知识分子都在探索救国图存之路，如梁启超高呼"教育为立国之根本"，严复提出"鼓民力、开民智、新民德"。在他们的影响下，并基于对教育功能的认识，蔡元培指出，良好的社会需要良好的个人，而良好的教育是培养良好个人的重要途径。只有真正从教育入手，"未尝不可使吾国转危为安"。教育的功能在于培养学生形成健全的人格，并为整个人类社会做贡献，而不是把受教育者培养成器具，成为他人的工具。在探讨教育与社会的关系时，蔡元培认为，通过教育改造实现社会有两种解释：一是改造教育的目的是改造未来社会，即学校培养出来的人才能够为社会效力，如国民学校的学生，今后可以做合格的国民；师范学校的学生，今后可以做教师等。二是改造教育的同时对社会进行改造，即师生在做学问、做研究的同时要努力为社会效劳。他认为，改造社会的前提是改造教育，要振兴民族，必先发展民族的教育，通过教育发展民族"自强的能力"，养成民族的"健全人格"，培养人民"独立不惧之精神"。他说："教育者，养成人格之事业也。"也就是说，教育是帮助受教育的人，发展自己的能力，完成受教育者的人格，在人类文化上能尽个人的责任。而发展教育的最终落脚点是学校里的教师，没有好的教师就不可能有好的教育，要在"学校里养成人才，将来进社会做事"，进而更好地服务社会，改造社会。

在蔡元培看来，当时中国落后的原因，在于教育落后，人才匮乏。他批判性地提出："没有好大学，中学师资哪里来？没有好中学，小学师资哪里来？"蔡元培指出，学生承载着教育救国的希望，"挽回这种命运的事情和责任直接或间接都是要落在学生们的双肩上"。学生担负着教育救国的重要使命，而培养学生的教师也承担着重要的责任，这直接关联到培养师资的师范教育。蔡元培对教师寄予厚望，认可教师的崇高地位，曾说过"小学教员在社会上的位置最重要，其责任比大总统还大些"，教师"是各学堂之根本"，而师范教育专门培养师资，奠定各教育之基础。发展教育要依赖教师，没有好的教师就不可能有好的教育。蔡元培认为，教育者进行教育的目的，并非为了过去，也不是为了当下，而是专门为了未来。因此，重视教育就应该把师范教育摆在优先发展的地位，以上这些观点奠定了其师范教育思想的基础。

一、重视师范教育之功与用

中华民国成立初期，蔡元培提出高级学校影响初级学校，国家要自上而下地办学，认为大学的办学水平直接影响中学的师资，中学的师资直接影响小学的办学水平，因而办学的首要任务是整顿大学。可见，蔡元培的教育改革注重高等教育发展，也重视顶层师资的培养，他在《对于师范生的希望》的演讲中指出："小学教员在社会上的位置最重要，其责任比大总统还大些。你们在学校中如有很好的预备，就能担负这责任。"这句话高度肯定了小学教师的地位与作用，师范生是将来的教员，肩负着改革教育、改造社会的重任。

蔡元培担任绍兴中西学堂总理期间，便开始重视师范教育以及师范生的培养。起初，该学堂仅接收了两名算数科师范生，之后扩大了学科专业及招收名额，涵盖体操、物理、测绘等学科专业。蔡元培认为，师范教育是普及教育的基础，师范教育除了在普通高中体系中设置师范科，还需要专门开办师范学校。他反对已有师范学制年限的规定，认为"六年制师范，不合青年能力与需要，应当废止"。1912年，蔡元培与教育界人士联合制定了"壬子癸丑学制"，在学制中，除了自小学、中学到大学的普通教育系统外，还单独设立师范教育系统，倡导师范教育应成为重要内容的理念，随后政府颁布了民国初年关于师范教育的第一个通令《师范教育令》，确定了师范教育的地位。

二、重建师范教育制度体系

1912年，由蔡元培主持并参与制定的"壬子癸丑学制"颁布，"壬子癸丑学制"是我国第一个具有资本主义性质的学制。在这一学制中，师范教育在教育体系占据了重要地位，把师范教育分为师范学校和高等师范学校两级。学年上规定师范学校为本科4年，预科1年，与中学校平行；高等师范学校为本科3年，预科1年，相当于大学。同年9月，《师范教育令》颁布。通令中有13条规定，对各级师范学校的培养目标、设立原则、经费来源、修业年限、学习科目及程度、编制及设备、学生入学资格及毕业后服务、教员检定、校长教员之俸给、师范生待遇、附属学校及训练机构等进行了明文规定。

师范学校以造就小学教员为目的,高等师范学校以造就中学校、师范学校教员为目的。男、女师范学校都分本科和预科,本科又分一、二两部。在课程设置上,推崇新式教育,中西结合,主要学科有修身、读经、教育、国文、英语、习字、历史、地理、数学、博物、物理、化学、图画、乐歌、体操等。本科各部有共同必修科,科目为伦理学、心理学、教育学、英语、体操。研究科1年或2年,此外,还有专修科和选科,视需要临时设立。可以看出,师范生的学习内容广泛,要求掌握多方面的文化知识,同时注重专业素养的培养。与清末师范教育相比,增添了社会生产和生活的实用科目和教育理论科目。

在学费问题上,各级师范学校学生均可享受公费待遇。在学校管理上,师范学校为省立,经教育总长许可,亦可县立、私立、附设小学校、中学校;高等师范学校为国立,经费由国库支给,设选科、专修科、研究科;女子师范学校除附设小学校外,并设蒙养园、保姆讲习科。在师资上,学制还规定,教员由检定委员会认为合格者担任。由此,在蔡元培的带领下,民国初期我国形成了比较完整规范的师范教育系统。

到了20世纪20年代,经过实践与思考,蔡元培主张合并师范教育,即与综合性大学联合培养师资。他反对设置高等师范学校培养中学教师,认为中学的教学分科明显,学术造诣的要求较高,而高等师范学校科学程度太低,学术基础不厚,难以培养高质量的中学师资。蔡元培研究了其他国家的学校体系,认为在大学体系之外专门设置高等师范学校培养中学教师并不常见。

因此,他主张逐渐停办高等师范学校:一是把原来设置的高等师范学校改为师范大学,高中毕业生可入师范大学,学习年限为4年;二是把重点放在综合性大学的文理科,为致力成为中学教师者加修教育理论课程,让综合性大学的毕业生成为中学以上教师的主要来源。基于此,在师资方面,仅靠师范学校不能满足社会对大量师范人才的需求,蔡元培提倡拓宽教师资格,多方式、多渠道灵活选用师资,除了聘用接受过正规师范训练的教师,还可聘用以下人员成为义务教育阶段的教师:曾经在师范学校实习过的师范生;受过师范教育训练的人,可用为代课教员;当地公务人员;当地具有一定知识水平的人;乐于担任教员并无私奉献的人。这种以综合性大学为主,多渠道培养、聘用师资的观点,符合当时国情,有效缓解了当时中国师资缺乏的困境。

三、改革师范教育之培养观

(一)"五育"并举的教育方针和培养健全人格的教育目的

蔡元培的健全人格教育思想,在不同的时期表述有所不同,但其基本的内涵是一致的：以受教育者为目的与本体，注重受教育者身心的协调、知情意的统一，追求个性和群性的一致，努力使受教育者在德育、智育、体育、美育和世界观教育五方面和谐发展。在这"五育"中，体育居健全人格之首，智育为健全人格之基本，德育是健全人格之中坚，美育陶冶人的情感，世界观教育指向人的终极关怀。

蔡元培提出全面和谐发展的教育方针，目的是培养资产阶级所需要的共和国公民。可以说，蔡元培所要实现的教育培养目标，是他提出"五育"并举教育方针的客观依据。他提到，普通教育务必顺应时势，以养成共和国民健全之人格为根本的培养目标。也就是说，为了培养"共和国民健全之人格"，必须采取"五育"都要得到和谐发展的教育方针。培养具有"健全之人格"的共和国公民教育目的和"五育"不可偏废的教育方针，两者内在紧密联系。

健全人格教育是蔡元培教育思想的重要组成部分，"健全人格"的目标是要培养自由、民主、平等社会新人。蔡元培为实现对国民进行健全人格教育，提出了"五育"并举、和谐发展的教育方针，一方面是适应民主共和政体对教育目标提出的客观要求，同时也是由于他留学西欧，受到资产阶级教育思想的影响、接受现代文明的结果。

在中国近代教育思想发展史上，蔡元培是第一位提出国民教育、实利主义教育、公民道德教育、世界观教育和美感教育"皆今日之教育所不可偏废"的教育思想家。蔡元培提出的"五育"并举、和谐发展的教育方针，除世界观教育外其余"四育"都被采纳，并作为民国的教育宗旨予以公布，所以影响巨大。因此，可以说，蔡元培"五育"并举的教育方针的提出具有划时代的意义，它宣告了中国两千多年来封建专制主义教育的终结，适应了辛亥革命后资产阶级改革封建教育的需要，顺应了当时中国社会的变革以及世界发展的潮流，开辟了资产阶级自由、民主、平等教育的新时代。

（二）"尚自然""展个性"的教育方法

蔡元培为了培养具有"完全之人格"的共和国公民，提倡教师要采取"尚自然""展个性"的教育方法，并认为这是最好的教育方法。

蔡元培反对违反自然，束缚个性的教育，指出"守成法"与"尚自然"、"求划一"与"展个性"是新旧教育的分水岭，并猛烈抨击"守成法""求划一"的封建的束缚个性发展的教育方法。在他看来，传统教育培养的是科名仕宦之才，只学习同科举考试有关的"四书""五经"，而与现实的生产和生活相关的知识，因其与科举考试无直接关系，均不能设为教学科目，这不仅严重束缚了人的思想，而且导致教学内容与实际生活相脱离。蔡元培批判传统的教师对待学生，如同石匠对待石头的棱角一样，硬性地加以削平；又好像花匠编织器物一样，任意将其编织成固有的形态；这表达出了蔡元培对封建专制教育的强烈不满，他推崇遵从自然，促进学生个性发展的教育方法。

为了使教育工作能够有成效，蔡元培要求教师遵循儿童的身心发展规律，因材施教地对学生进行教育，并且介绍了国外的相关经验，如杜威的实用主义教育，强调教育的发扬民主和学生在"做中学"的教育方法；蒙台梭利的儿童室，为儿童设置了各种器具、玩具，以启发儿童的心理发展。他认为，教师在培养和教育学生时，要使学生能够做到"自动""自学"和"自觉"。蔡元培强调，学生"自动的求学"很重要，除了在学校课堂上的学习，还要随时发掘自己求学的门径和学问的兴趣。他还告诫教师，不能把自己的想法强压到学生身上。因此，他要求学生能"自觉""自动"，即能自动研究，自己独立思考，达到举一反三。他还提出，教师的教学要落实到发展学生的智力上去。为了达到这样的目的，蔡元培要求教师教书时，不使用注入式教学法，而使用启发式教学法。他希望教师的教学是能够引起学生读书的兴趣，做教师的万万不可进行灌输，最好使学生自己去研究，等到学生需要时才去帮助他。由此可见，蔡元培"尚自然""展个性"的教育方法，既是对传统教育的一大改革，也是对教师的一项新要求。

案例阅读

绿茶里的哲学

有一位北京大学学生对成功充满渴望和憧憬，可他在生活中却屡屡碰壁，鲜有所获。沮丧的他便给时任北京大学校长的蔡元培先生写了一封信，希望能够得到指点。蔡元培回了信，并约了一个时间让那位学生到办公室面谈。

学生激动地来到校长的办公室。没等他开口，蔡元培先生就笑着招呼道："来，快坐下，我给你泡杯茶。"说完便起身，从抽屉中拿出茶叶，放进杯子里，倒上开水，递到学生面前的桌子上。"这可是极品的绿茶哟，是朋友特地从南京给我带过来的，你也尝尝。"蔡元培先生和蔼地说道。

学生端起茶杯喝了一口，像白开水似的，没有一点茶的味道，看了一下杯中，几片茶叶漂浮在水面上，水也是惨白惨白的，没有一点绿的感觉。学生的眉头不禁一皱。蔡元培好像并没有注意到学生的表情，依旧东扯西拉地谈着一些漫无边际的问题，似乎完全忘记了学生来的目的。学生极不自然地听了很久，好不容易等到蔡元培稍稍停顿了一下，便连忙找了个理由告辞。

蔡元培眯着眼若有所思地微笑道："急什么，把茶喝了再走，这可是一杯极品的绿茶。千万别浪费了。"

学生无奈地又端起了茶杯，礼节性地喝了一口。可就在这时，一股清香浓郁的味道沁入心脾！学生愣住了，诧异地打量着茶杯：茶叶已经沉浸入杯底，杯中的水已是一片碧绿，像翡翠般灿烂夺目。不仅如此，整个办公室里可以闻到一股

123

清新的香气!

蔡元培似笑非笑地望着他,满含深意地问道:"你明白了吗?"

学生恍然大悟,惊喜地喊道:"我明白了,我明白了。你的意思是说,想追求成功就要像这绿茶一样,不能心浮气躁,只停留在表面;凡事都要静下心来,认认真真,踏踏实实地沉浸下去。"

四、师范生应具备之素养观

为了实现"教育救国"的理想,蔡元培先生十分关注学生的成长。他认为,师范学校的学生除了要做到其他各类学校的学生应做到的外,还必须兼顾本身的职业特点。他提出的师范生应当具备的素养和具体的要求,主要有以下三方面。

(一) 坚定信念,抱定宗旨

蔡元培认为,教师担负着对被教育者"传布普通之知识,陶铸文明之人格"的重任,他希望每个师范生都能清楚地认识自己的使命。在《对于师范生的希望》的讲话中,蔡元培提出,师范的性质与中学不同:中学毕业后还要升学;师范毕业,就要当教员。师范是为培育将来的小学教员。师范生是将来的教员,不可不注重学校中一切的科学。1916年,蔡元培在浙江第五师范学校演说时也明确指出,师范生要"抱定入学宗旨,勇往直前,不变目的"。要有坚定的思想信念和献身教育的无私精神,师范毕业生要获得相关的教育知识,不要在意所任职学校的水平。

(二) 广博学识,兼长并进

蔡元培认为,中学各科有各科的教员,教师或只教一种科学,小学则不然。小学内常常以一人兼教各种科学。初等小学常以一人兼学校中一切科学,如手工、图画、音乐、体操,所以一个师范生可以办一个小学。教师承担着启发学生的责任,如果教师的知识不够丰富,那么将会导致学生轻视教师,其教学效果也会受损。因此,作为师范生,必须各科都好,才能担负这种责任。小学教师正像工人一样,工人的各种器具都完备才能制造各种东西,小学教师的各种科学知识都比较完善,才能进行良好的小学教育。所以师范生须兼长并进,不能选此舍彼。因此,师范生要成为一名合格的教员,就要对于各科的知识融会贯通,各有心得,平时需要多积累,多看参考书。

(三) 身正为范,为人师表

蔡元培在为师范生进行演说时曾指出,作为教师,如果持有自治的生活态度,学生也会受其影响,抱有自治的态度。教师如果能够积极践行校训,学生自然也会践行。但这种能力需要预先培养、循序渐进、不断学习,竭力做到慎独之约束。"无论上课时,下课时,有人监督,无人监督,宜丝毫不事苟且。"如果学生没有自治能力，教师需负有监督管理之责，否则学生自治习惯的养成必会中途而废。换言之，师范生要注重日常生活中的个人修养及良好品质的养成，之后自能生成惯性，成为学习的楷模。蔡元培指出，"师范"中的"范"就是模范，可为人的榜样。对于师范生来说，自己的行为要成为别人的模范，就要严格规范自己。当然，良好的教师言行不是短时间就能习成的，需要在日常生活中不断加强培养。

（四）精通教授管理之法

蔡元培认为，教学工作的有效开展，不光要有广博的知识，还必须精通教学的艺术，掌握教授、管理之法。在《学堂教科论》中，蔡元培先生把"教育"作为通科。1902年，蔡元培起草的《师范学会章程》指出，师范学堂的学生必须学习"管理法、育成法、教授法""吸采世界新出之理论，以为荣养之资，冀达粹美之域"。他认为，若教师具有丰富的知识，但不熟悉教授管理的策略，就犹如剑在匣中，灯在帷里，不能展现教师的专长。"盖授知识于学生者，非若水之于盂，可以把而注之，必导其领会之机，挈其研究之力，而后能与之俱化，此非精于教授法者不能也。"他强调，在师范学校中要开设教育学、教授法课程，师范生应该把这些课程当作主要学科。教师能够根据学生不同个性特点进行差异性管理，使每个学生都能专心向学，相互之间不干扰。简言之，教师运用教学方法，引导学生领会知识要旨，并通过管理、监督和指导学生安守秩序、专心向学。

蔡元培指出了教授管理之法的重要影响："普通学教员，于教授学科以外，训练管理之术，尤重要焉。"他还重视对师范生管理法的训练和培养，师范生如果"不知教育之学，管理之法，而妄任小学教员，则学生之身心，受其戕贼，而他日必贻于社会及国家，其罪盖甚于庸医杀人"。同时，蔡元培强调，师范生还要学习心理学的相关理论知识，进而教师能根据学生的特点"策其惰者，抑其躁者，使人人皆专意向学，而无互相扰乱之虑"。总之，蔡元培先生强调师范生对"教育、管理之术、心理之学"不可偏废，要求他们掌握教育科学。

蔡元培师范教育思想对我国教师教育理论的完善具有很高的价值，他对师范教育地位的认识与评价，以及师范人才培养方式及培养途径的深刻见解，对我国师范教育的变革具有现实指导意义。

第一，他重视师范教育的地位及作用，认为教师是人类职业中最为重要的职业之一。人类日常生活的改善、科技与艺术的创新、传统固见的摒弃、都需要人之所为，而"教师是最负责任、最有势力的"。他高度肯定了小学教师的地位与作用，认为师范生是将来的教员，肩负着改革教育、改造社会的重任。蔡元培对"师范"下的定义是："范就是模范，可为人的榜样。自己的行为要做别人的模范，所以师范生的行为最为要紧。模范不是短时间能成就的，须慢慢地养成。"

也就是说，教师要成为未来学生学习的模范，师范生的知识积累及人格修养至关重要。师范教育是培养师资队伍的主要途径，决定着教师的专业水平和教育质量，在我国教育体系中具有重要地位。换言之，要提升师范教育的地位，既需要顶层方面进行全面统筹设计，正确引导师范教育的发展方向，也需要师范院校承担自我改革之重任，明确办学定位，凸显师范教育办学特色，探索师范教育的革新之路。

第二，他主持制定的"壬子癸卯学制"，把师范教育分为师范学校和高等师范学校两级，提出师范学校以造就小学教员为目的，高等师范学校以造就中学校、师范学校教员为目的，办学定位明确，使得民国初期我国便形成了比较完整规范的师范教育系统。蔡元培主张重建师范人才培养体系，一方面，可以通过师范大学及综合性大学进行师资培养，与我国当前师范人才培养路径一致。在综合性大学培养师资方面，他重点设置综合性大学的文理科，为那些致力于从事中学教育的人增加教育理论课程。另一方面，他主张多途径提高师资水平，缓解师资短缺，对我国教师的培养模式也具有借鉴意义。

第三，提倡"五育"并举的教育方针和培养健全人格的教育目的。健全人格教育的提出，为新教育指明了根本方向，为民国初期现代性教育制度的构建确立了价值合理性依据，为现代性启蒙提供理论支撑与精神动力。同时，也启迪了现代教育：要尊重学生的自由，尊重生命的完整与和谐，促进学生身心全面发展，尊重学生的个性，崇尚生命的独特性。

第四，蔡元培为了培养具有"完全之人格"的共和国公民，提倡教师要采取"尚自然""展个性"的教育方法，是对压制个性的传统教育方法的重大改革。

第五，蔡元培高度重视师范生的培养质量，认为教师要具备以下条件：具有高尚的思想品质，笃定为教育服务的精神信念；具有丰富广博的文化知识，兼长并进；精通教授管理之法，掌握教育规律，具备教师专业能力；能以身作则，具有为人师表等综合素养。他指出："教员者，学生之模范也。故教员宜实行道德，以其身为学生之律度，学生日熏其德，其收效胜于口舌倍蓰矣。"要培养师范生坚定的职业信仰，培养师范生志教、乐教、善教。还要注重师范生全方位知识的学习。师范生除学习专业知识外，还需要掌握教育知识及管理理论、教学实践技能，为从教奠定扎实的专业基础。最后，要加强师范生教师职业道德修养。不仅要提高师范院校的教师职业道德素养，发挥"学为人师、行为世范"的师表作用，而且使其加强自我教育，提升自身的教师职业道德修养。蔡元培提出的师范生专业素养的培养与当前提倡的教师专业素养不谋而合。没有高质量的教师就没有高质量的教育，培养高素质教师对我国教育事业发展具有重要意义。

当前，随着师范教育改革的逐步深入，师范教育被提到了更加重要的地位。

在这种新形势下,我们探讨和研究蔡元培的师范教育思想,对于促进当今师范教育的改革,培养大批合格的新师资是有一定现实意义的。我国师范教育的发展,既要坚守"师道""师德""师表"等培养标准,也要坚定不移地强化师范教育及教师的重要地位及作用,探索新型师范人才培养模式,培养更多高质量师资人才。

拓展阅读

[1] 崔志海. 蔡元培传[M]. 北京:红旗出版社,2009.
[2] 蔡元培. 蔡孑民先生言行录[M]. 长沙:岳麓书社,2010.
[3] 张晓唯. 辛亥著名人物传记丛书:蔡元培[M]. 北京:团结出版社,2011.
[4] 王悦芳. 蔡元培、郭秉文办学思想与实践的比较研究[M]. 芜湖:安徽师范大学出版社,2012.
[5] 李克,沈燕. 蔡元培传[M]. 北京:北京时代华文书局,2015.
[6] 丁晓平. 世范人师:蔡元培传[M]. 北京:作家出版社,2015.
[7] 高平叔. 蔡元培教育论著选[M]. 北京:人民教育出版社,2017.
[8] 唐振常. 蔡元培传[M]. 上海:上海人民出版社,2018.

第十五章
陶行知师范教育思想

陶行知（公元 1891 年—1946 年），安徽省歙县人，人民教育家、思想家，1891 年出生于安徽歙县西乡黄潭源村一个贫寒的教师之家。1908 年，考入杭州广济医学堂，立志通过学医来解除广大劳动人民的病痛，实现报效祖国的志向。但是，因这所教会学校歧视非教会的学生，他入学仅三天，即愤而退学。1909 年，考入南京汇文书院，次年转入金陵大学文科。大学期间，受辛亥革命影响，在校积极参加爱国活动，主编《金陵光》学报中文版，宣传民族、民主革命思想。在《金陵光出版之宣言》一文中，他号召全校同学，努力学习和工作，报效祖国，"使中华放大光明于世界"。辛亥革命爆发时，他回乡投身革命运动。1914 年，他以总分第一名的成绩从金陵大学文科毕业。毕业后他赴美留学，先是在伊利诺大学学市政管理专业，半年后便转学哥伦比亚大学，师从杜威、孟禄、克伯屈等教育家研究教育。1917 年秋，陶行知回国，先后任南京高等师范学校、国立东南大学教授、教务主任等职，开始他富于创意而又充满艰辛的教育生涯。

1917 年年底，他与蔡元培等发起成立中华教育改进社，主张反对帝国主义文化侵略，收回教育权利，推动教育改进。1923 年，与晏阳初等发起成立中华平民教育促进会总会，后赴各地开办平民识字读书处和平民学校，推动平民教育运动。1926 年，起草发表了《中华教育改进社改造全国乡村教育宣言》。1927 年，开始创办晓庄试验乡村师范学校，设想通过以教育为主要手段来改善人民的生活。1931 年，自日本回国开展教育普及工作，在上海创办自然学园、儿童科学通讯学校，主编《儿童科学丛书》等。1932 年，创办生活教育社及山海工学团，提出"工以养生，学以明生，团以保生"，将工场、学校、社会连成一片，进行军事训练、生产训练、民权训练、生育训练等，还开展"小先生"运动。1939 年 7 月，在重庆创办育才学校，培养有特殊才能的儿童。同年，在重庆的合川县（今古川区）古圣寺创办了主要招收难童入学的育才学校。1946 年 1 月，在重庆创办社会大学并任校长,李公朴任副校长兼教务长,推行民主教育。社会大学的宗旨是"人民创造大社会,社会变成大学堂""大学之道,在明民德,在亲民,在止于人民之幸福",有力地推动了教育民主化的进程。此外,社会大学还培养出了很多革命人才,并曾帮助一些进步青年前往革命根据地。1946年4月,陶行知回到上海,立即投入反独裁、争民主、反内战、争和平的斗争。在他生命的最后100天,在工厂、学校、机关、广场发表演讲100余次。1946年7月25日陶行知于上海逝世,享年55岁。

陶行知先生毕生致力于教育事业,积极研究西方教育思想并结合中国国情,不仅创立了完整的教育理论体系,而且进行了大量教育实践,提出了"生活即教育""社会即学校""教学做合一"等教育理论,被称为"伟大的人民教育家"。

师范教育思想作为当时总体社会思潮和教育思想的组成部分,在那个时代也相应地有了新的改造与创新。陶行知不仅立足于师范教育"内涵"的探索与创新,还将师范教育和社会改造紧密地结合在一起,并将这种"改造社会"的功能与期望,视为当时代师范教育的使命与救国之路。这不仅鲜明地体现在陶行知的师范教育思想中,也体现在受其影响发展起来的乡村师范教育思想的发展上。作为思想家个体关注的重要内容,陶行知的师范教育思想既反映了其整个生命历程中的思索与体悟,也相应融合了其在教育尤其是师范教育领域的积极探索与实践。

具体来说,陶行知留学美国哥伦比亚大学师范院,师从杜威、孟禄等教育名家。1926年,陶行知发表了《中国师范教育建设论》一文,文中严肃指出:"中国今日教育最急切的问题,是旧师范之如何改造,新师范之如何建设。国家所托命之师范教育,是决不容我们轻松放过的。"该文的中心论点是:师范学校的办理须"活的中心学校产生活的师范学校;活的师范学校产生活的教师;活的教师产生有生活力的国民"。而办理的基本原则是"教学做合一"。1927年3月15日,陶行知筹创的"试验乡村师范学校"在南京郊区的晓庄正式开学,此即为晓庄师范,该校既是陶行知师范教育理论的结晶,又是中国师范教育实践的典范。该校旨在培养具备"农夫的身手、科学的头脑、改造社会的精神"(后增加"健康的体魄"和"艺术的兴趣"两项)的乡村教师,打破了传统师范教育组织形式和课程体系,让学生在创办"中心学校"的实践中学习相关知识和掌握必要技能,要求每一个毕业生成为"改造乡村生活的灵魂",进而普及"现代生活教育"。尽管南京晓庄师范的办校时间不长,但民国后期的"乡村师范"之制却发端于此。为改造正规师范教育体制,陶行知又于1928年提出"艺友制师范教育"理论与之"相辅而行"。所谓"艺友制",实由艺徒制点化而来,即用师傅带徒弟方式来培养师资,无须专门的师范学校;只是师傅与徒弟宜以"朋友相待"，互教共学，"先行先知的在做上教，后行后知的在做上学"，如此，则各级各类学校均可成为师资养成所，既能解决师范不足的问题，又可通过实干增进专业技能。此制在山海工学团和育才等学校均得以沿用。陶行知的师范教育理论和实践，被时人视为"异端"，但是这种"大教育""大师范"的理念，为师范教育理论的修正或完美提供了必要的参照。尤其在师范学校与附属学校的关系、师范生的知识学习与实习等问题上，现今仍具有重要的借鉴意义。

一、师范教育关乎国本地位

陶行知作为近代以来为数不多的在师范教育领域进行理论创新的教育家，对师范教育情有独钟，而这主要归功于陶行知对教育建国的执着理念。早在金陵大学的毕业论文中，陶行知就论述了"共和"与"教育"的关系，并阐发了自己对教育建国的认识："人民贫，非教育莫与富之；人民愚，非教育莫与智之；党见，非教育不除；精忠，非教育不出。教育良，则伪领袖不期消而消，真领袖不期出而出。而多数之横暴，亦消于无形。况自由平等，恃民胞而立，恃正名而明。同心同德，必养成于教育；真义微言，必昌大于教育。……教育实建设共和最要之手续，舍教育则共和之险不可避，共和之国不可建，即建亦必终归于劣败。"在留美初期，陶行知在致哥伦比亚大学师范院院长罗素先生的信中表明了自己的理想与抱负，"我终生唯一的目标是通过教育，而非经由军事革命创造一个民主国家。看到我们共和国突然诞生而带来的严重弊端，我深信如果没有真正的公众教育就不可能有真正的共和制的存在"。由此可见，青年时期的陶行知就已经树立了建设共和民主国家的理想，并将教育视为他实现理想的必由之路。

陶行知回国后，到南京高等师范学校出任教育学教授和教务长，他的这种教育"造国"的情怀在此后更加深切。1919年，五四运动爆发，陶行知加入由北京大学、南京高等师范学校、暨南学校、江苏省教育会、中华职业社共组的新教育改进社，并担任该机关报《新教育》月刊的南京高等师范学校编辑代表。同年7月，陶行知在浙江省立第一师范学校毕业生讲习会上，发表了有关新教育的讲演。在他的演说中，陶行知进一步详细阐述了新教育与新国家、新领袖、新国民的关系，并将民国之未来寄希望于新教育与新学校，以及由此培养出的新国民上。正是在这个出发点上，陶行知视师范教育为实现真正共和民主国家的关键保障。

陶行知在1921年发表《师范教育之新趋势》一文，在文中他坚持自己设置独立的师范教育学制的观点。他反复阐释"教育是立国的根本"，欲建设富强国家，首先要提高全体国民素质和养成健全国民性，而这些"都有赖于教育"。同时，他认为教育质量完全取决于"须有适当之教员"。教员的质量则有赖于师范学校培养。基于此，受杜威的教育思想的影响，陶行知创造性地提出"生活教育"的理论主张，并坚决将之践行于师范教育的实践，尤其是乡村师范教育的实践。因此，1926年，陶行知撰写《中国乡村教育之根本改造》一文，在文中详尽地论述了师范教育在乡村社会中的重要地位。同时，他也强调，乡村社会中的学校在乡村社会的改造中扮演着重要的角色，而教师作为学校的核心组成部分，扮演着乡村社会改造中的灵魂角色。对于乡村师范教育的重要性，他指出，乡村学校是改造乡村生活的中心，乡村教师是改造乡村生活的灵魂。"要有好的学校，先要有好的教师。"有了优质的乡村教师，才能办好的乡村教育。"教师得人，则学校活，学校活，则社会活。""必须出代价去培养教师，去培养教师的教师。""这是地方教育根本之谋，也是改造乡村根本之谋。"教师在教育中扮演着举足轻重的角色，关键在于其责任的重要性，在于"师范学校负责培养改造国民的大责任，国家前途的盛衰，都在他手掌之中"。他认为，一个小学教员的教学水平与质量，会直接影响一二十、一二百家的小孩子的发展，这种影响不仅体现为"成家立业"，从微观层面上，小学教师对一个村庄的重要性在于其影响"全村之盛衰"；从宏观层次上，"全民族的命运都操在小学教员手里""所以小学教师之好坏，简直可以影响到国家之存亡和世运之治乱"。由上而知，"教育就是社会改造，教师就是社会改造的领导者。在教师的手里操着幼年人的命运，便操着民族和人类的命运"。陶行知于1927年发表《师范教育之彻底改革》，明确提出"师范教育可以兴邦，也可以促国之亡"，鲜明地指出师范教育的重要性。

二、生活教育作为思想基础

陶行知整个教育思想体系的主体、核心和师范教育思想中贯穿始终的指导方针是生活教育理论。陶行知在许多文章与讲演中都讨论过"什么是生活教育"的问题。简而言之，生活教育就是以生活为中心的教育，即：生活即教育，社会即学校，教学做合一。这种基本的思想内涵始终贯穿陶行知师范教育和乡村教育的实践与理论进程。

生活教育的第一层面是"生活即教育"，即教育由生活决定，生活和教育相辅相成，教育是人生以及向上发展所需的，而真正的教育要到生活中去寻找；教育的中心在于生活，生活是教育转变为真正教育的关键因素或手段。生活中真正的教育是"以生活为中心的教育"，是"供给人生需要的教育"，生活本源必须是教育。"生活即教育"并不是说明教育与生活直接等同，而强调教育与生活在相互发展过程中所具有的紧密联系，二者缺一不可。教育孕育于生活之中，两者相互结合才能发挥作用。第二层面生活是教育的前提，真正的教育是与实际生活相关的。"生活即教育""是生活就是教育，不是生活就不是教育""是好生活就是好教育，是坏生活就是坏教育""是康健的生活就是康健的教育""是劳动的生活就是劳动的教育""是科学的生活就是科学的教育""是艺术的生活就是艺术的教育""是改造社会的生活就是改造社会的教育……即过怎样的生活就受怎样的教育"等，对生活与教育的关系进行了透彻阐释。

陶行知的师范教育思想的根本出发点在于农村，他认为，乡村师范教育的开办一定要适应乡村的实际，且要将此放在首要位置。而乡村教育之流弊又与乡村教师有密切的关系，于是对乡村教师的培养就应注意以乡村生活为中心，课程设置应当与实地教学熔为一炉，大部分应当采取理科实验指南的体裁，以谋"教学做"合一。陶行知联系当时的社会实际生活对教材体系进行改革，他特别指出："我们要活的书，不要死的书，不要假的书……要以生活为中心的教学做指导，不要以文字为中心的板科书。"因而，他号召"人生需要什么，我们就教什么""全部课程就是全部生活"。在南京晓庄师范学校时，陶行知倡导一切教学都坚持从实际出发，坚持了生活教育理论要求。晓庄师范的大礼堂名为"犁宫"，图书馆悬挂着"书呆子莫来馆"的匾额。学生在晓庄师范的学习并没有系统的课程内容，一切课程都来源于生活，一切生活都是课程，没有课程外的生活，也没有生活外的课程。在晓庄师范学习的学生，不仅要自己扫地、抹桌、做饭、洗碗，还要下田种地、为乡下的小学生接种牛痘和医治秃头疮。

三、广义师范教育论之内涵

陶行知对师范教育的培养模式持一种广义的师范教育观。他认为，师范教育的职责一方面体现在对合格教师的培养上，另一方面则体现在对教育界所需人才的培养上。这种观点在陶行知于1922年发表的《新学制与师范教育》一文中有明确表述。他进而提出了教育界所需的四种人才：一是教育行政人员，二是各种指导员，三是各种学校校长和职员，四是各种教员。师范教育应将培养这四种人才作为其践行教育的主要内容，这正是其所强调的"广义师范教育论"。

"广义的师范教育"是陶行知师范教育思想中极为重要的一部分。陶行知认为，中国自办师范教育以来，无论是在高等师范方面，还是在初等师范方面，始终"只是以造就教员"为目的，对于教育行政人员、指导员、校长和职员的训练都没有相当的注意，大多数人认为这些职位可以不学而能，人人会干，无须特别训练，更无须因此进行科学研究，结果把教育交给一些"土绅士和小政客"去管理。虽然中国的师范学校里有管理法、教育法此类的功课，但建制很不完备。虽然有短期的讲习会，但并无系统研究，也没有相应的学习材料和继续深造的机会，所以充分的培养往往难以实现。他提出："我们应当有广义的师范教育——虽所培养的人以教员为大多数，但目的方法并不以培养教员为限。""凡教育界需要的人才都应当受相当的培养。"这种观点贯穿于他的师范教育思想体系中，并在他的很多文章中有所体现。例如，他在《师范教育之新趋势》一文中，指出师范学校应"培养校长和学务委员等专门人才"；在《再论中国乡村教育之根本改造》一文中，指出晓庄试验乡村师范学校"是依据乡村实际生活造就乡村学校教师、校长、辅导员的地方"。

"广义的师范教育"培养体系必须有相应的学制和专业设置予以配合。陶行知指出"师范教育制度是应当符合全部学制的需要的"。全部学制包括各级各类的学校教育和社会教育。陶行知提出在各个教育阶段培养师资，建立包括初级师范、中级师范、高级师范、教育科大学、教育研究院、继续师范教育、师范讲习所、职业师范等在内的一个完善的体系的观点。

既然学校中的教育行政人员、指导员、校长甚至职员都需要专门的师范教育，那么师范教育在学制中的专门设置就是顺理成章的了。因而陶行知指出，一名合格的教师必须接受师范生的训练。他曾具体分析当时中国实际从事教育的人员类型，主要有大学堂毕业生、专门学校的毕业生、高等师范的毕业生、中学校的毕业生、初级师范的毕业生、实业学校的毕业生，甚至有从高等小学出来的和科举出身的先生。其中，除高等和初级师范生外，其余的几乎是完全没有受过师范训练的。所以他指出："他们既在那里实施教育，自有受训练的必要。"基于此种状况他强调说，无论何种毕业生，只要从事教师工作，学校都应当"趁他们毕业之前，给他们些关于教育上的训练"。同时，陶行知还提出，"学问是进化不已的，从事教育的人应当有继续研究的机会，故师范补习教育亦应占一位置"。他进一步指出"各种师范学校得设师范补习学校，以继续补充学校出身之教师之学识技能为目的，期限不定"。陶行知认为，师范学校的职责不仅在于为教育界培养师范毕业生，还在于为在职教师提供可继续教育的机会。陶行知一贯主张活到老，学到老，不断地汲取和更新知识。

四、师范教育之教师培养观

（一）师范教育的培养目标

对未来师资所需素质和师范教育培养目标的界定，是师范教育发展的关键，陶行知对当时师范教育人才培养体现出来的四体不勤、五谷不分的"大书呆子"深恶痛绝。1927年，他在《师范教育的彻底改革》中指出，"好些师范学校只是在那儿教洋八股，制造书呆子。这些大书呆子分布到小学里去，又以几何的加速率制造小书呆子"。为此，他提出自己师范教育的改革设想，即"愿师范学校从今后再不制造书呆子；愿师范生从今以后再不受书呆子的训练；愿社会从今以后再不把活泼的儿女受书呆子的同化；愿凡日已经成了书呆子的，从今以后要把自己放在生活的炉里重新锻炼出一新生命来"。他提倡不制造"大书呆子"，以免在师范教育中制造出"小书呆子"，师范教育必须有准备性和针对性，必须树立正确的人才观，从而对师资所需具备的素质、对师范教育的培养目标进行师范教

从孔子到陶行知：中国师范教育思想精粹

育发展的界定。

1925年，陶行知就在《女师大与女大问题之讨论》一文中指出："女子师范大学生除修习基础学科外，还应具备四个'要项'：其一，信仰国家教育事业为主要生活。其二，愿为中学教员者对于中学生之能力需要应有彻底之了解；那愿师范学校教员者，于中学生外，还须了解小学生之能力与需要。其三，对于将来担任之功课须有充分的准备，这准备包含中小学所需之教材、教法之研究、实习和参观。其四，各人一举一动，一言一行，都要修养到不愧为人师的地步。"从上述内容看，其规定了合格教师应具备的几个基本素质，即对教育工作应有的信仰和职业操守，教师知识与技能以及师德修养。

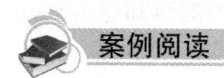

案例阅读

"四颗糖"成就最好的教育

陶行知先生在任育才学校校长时，有一次，他发现一个男同学拾起一块砖头想要砸另一个同学，他及时制止。并要这个学生到他办公室去。这个男同学到了陶先生的办公室，陶先生掏出一颗糖："这是奖给你的，因为你很尊重我，听从了我的话。"然后掏出第二颗糖给这个学生："第二颗糖奖给你，因为你很守时，准时到了我的办公室。"当这个同学深感意外之时，陶先生掏出第三颗糖，说："据我了解，是一个男同学欺负一个女同学，你才想拿砖头砸人的，这应该奖励你的正义感。"这时，这个同学声泪俱下："校长，我知道错了……"陶先生掏出第四颗糖："你敢于承认错误，这是我奖励给你的第四颗糖，我的糖果没有了，我们的谈话也就结束了。"陶行知先生在面对孩子所犯的错误时，既没有疾言厉色地批评，也没有狂风暴雨般地责骂，而是从孩子的心灵入手，在心灵的交流中唤醒孩子内心深处向上、向善的本性。"四颗糖果"的教育故事，可以让我们感受陶先生的教育魅力，体现了陶先生高超的育人技巧。

在举办乡村师范教育时，为适应乡村师资培养发展的需要，陶行知提出了乡村师范教育的培养目标，在一般师范教育培养目标的基础上，又加入了一些新的内容。1926年，陶行知在《师范教育下乡运动》一文中指出，"乡村师范学校负有训练乡村教师、改造乡村生活的使命"，且一名优秀的乡村教师应对乡村环境和生活有一定的了解，这就需要通过在乡村建分校的方式，使师范学生在乡村的情境中进行训练。同时，陶行知又进一步提出："不能训练学生改造眼前的乡村生活，决不是真正的乡村师范学校。"1927年，在《中华教育改进社设立试验乡村师范学校招生广告》中，他提出了试验乡村师范的培养目标，即培养农夫的身手，培养科学的头脑，培养社会改造的精神。通过对晓庄的教育实践进行分析，陶行知又将这一内容进一步发展为五个部分，即康健的体魄、农人的身手、科学的头脑、艺术的性味、改造社会的精神,他同时主张"以国术来培养康健的体魄,以园艺来培养农人的身手,以生物学来培养科学的头脑,以戏剧来培养艺术的兴趣,以团体自治来培养改造社会的精神"。

(二) 师范教育目标实现途径

为了实现师范教育的培养目标,陶行知对传统师范教育进行了一系列的批判与改革。他采用自编的教材,提倡"教学做合一"的方法;反对注入式的教学,采用启发式的、五路探讨的、实验的教学方法,因材施教的方法;重视劳动教育,提倡学生在生产劳动及与农民交往中,学习活的知识;反对读死书,反对关门读书;主张在劳力上劳心、手脑并用。他要求学生不但会读书,还能学会做事,促进自身智力充分发展,能力得到有效的提高。

在陶行知看来,在教师道德操守中,作为师长的根本是为事业奉献、肩负改造的使命。教师的服务精神,关系着教育的命脉。因此他一贯秉持"捧着一颗心来,不带半根草去"的态度。他也以此告诫从事乡村教育的同志,"要把我们整个的心献给我们三万万四千万的农民""心里要充满那农民的甘苦""常常念着农民的痛苦,常常念着他们所想得到的幸福,我们必须有一个'农民甘苦化的心'才配为农民服务,才配担负改造乡村生活的新使命"。他认为,如果每个乡村教师都有"农民甘苦化"的经历,那么他们就必定能够"叫中国个个乡村变做天堂,变做乐园,变做中华民族的健全的自治单位"。同时,陶行知认为做好教师,除了精神以外必须以深厚的知识储备作为保障,并且会教"学生学"。在《教学合一》一文中,陶行知着重强调教师先要自己做好准备才能教好学生。他说:"做先生的,应该一面教一面学,并不是贩卖些知识来,就可以终生卖不尽。"教师"必定要学而不厌才能诲人不倦""必须天天学习,天天进行再教育,才能有教学之乐而无教学之苦"。当然,"活的人才教育不是灌输知识,而是将开发文化宝库的钥匙,尽我们知道的交给学生""先生不能一生一世跟着学生""先生固然想将所有的传给学生,然而世界上新理无穷,先生安能把天地间的奥妙为学生一齐发明?……那些所给学生的,也是有限的,其余的还要学生自己去找书来""好的先生不是教书,不是教学生,乃是教学生学",也就是教授学生学习的方法,让学生们自己去"探知识本源,求知识归宿"。师范教育本身,一定要强调"教育能力"而不是知识本身的重要性。在他看来,师范生肩负着改造社会、建设民主共和国家的重要任务,"师范生将来出去办学的环境与中心学校的环境必定不能一模一样。要想师范生对于新环境有做贡献,必定要同时给他们一种因地制宜的本领"。陶行知认为,教师作为乡村社会的导师,在社会改造与乡村建设中发挥着重要的作用。他进一步强调教师的"身教"(即以身作则、为人师表),认为师生"共学、共事、共修养的方法,是真正的教育"。所谓共学、共事、共修养,即"要学生做的事,教职员躬亲共做;要学生学的知识，教职员躬亲共学；要学生守的规则，教职员躬亲共守"。当然，仅做到这些还不够，教师需要具有开拓与创新的胆识，促使自己成为一流的教育家。"夫教育之真理无穷，能发明之则常新，不能发明之则常旧。"因此，"第一流的教育家"应具备"敢入未开化的边疆"之"开辟精神"，有"敢探未发明的新理"之"创造精神"。他鼓励教师"不怕辛苦，不怕疲倦，不怕障碍，不怕失败。一心要把那教育的奥妙新理，一个个发现出来。""放大胆量，单身匹马，大刀阔斧，做个边疆教育的先锋，把那边疆的门户，一扇扇的都给打开。"这些思想无疑有着非常重要的历史价值。

五、师范学校根植中心学校

陶行知的生活教育理论得到杜威"教育即生活""学校即社会"的启发，但却反其道而行之，坚持"生活即教育""社会即学校"。针对杜威的"学校即社会"的观点，他提出"社会即学校"。他认为，"学校即社会"这句话"就好像把一只活泼的小鸟从天空里捉来关在笼子里一样。它从一个小的学校去把社会所有的一切都吸收进来，所以容易弄假""社会即学校则不然，它是要把笼中的小鸟放到天空中，使它任意翱翔，是要把学校的一切伸展到大自然里去"。陶行知认为，"到处是生活，即到处是教育；整个的社会是生活的场所，亦即教育之场所。因此，我们又可以说：'社会即学校'"。学校教育不应只局限于书本知识，应将其置于自然、社会和群众，从中获取知识，这样才能让学校教育与自然和社会的改造进行有效结合，实现真正的教育。

陶行知认为，师范学校有四个基本问题，包括教什么、怎么教、教谁、谁教。具体来说，师范学校首先要问的是"教什么"，这是教材问题；其次，就是教法问题，就是怎样教的问题；再者教什么和怎么教是始终包含"人"的问题，这就是"教谁"。人不同，则教的东西、教的方法、教的分量、教的次序也不同；最后师范学校要考虑谁在那儿教，谁欢喜教，谁教得好，就应当训练谁的问题。因而陶行知提出："师范学校，是要运用环境所有所需的事物，归纳于他所要传播的那种学校里面，依据做学教合一原则，实地训练有特殊兴趣才干的人，使他们可以按照学生能力需要，指导学生享受环境之所有并应济环境之所需。这个定义包含三大部分：一是师范学校本身的工作，二是中心学校的工作，三是环境里的幼年人生活。"而师范学校的核心是中心学校，中心学校的中心是环境中幼年人的生活，这也就是他所谓的"自然社会里的生活产生活的中心学校，活的中心学校产生活的师范学校"。因此，师范学校的使命，就是"要运用中心学校之精神及方法去培养师资。它与中心学校的关系也是有机体的，也是要一贯的。中心学校是它的中心而不是'教学做合一'它的附属品。中心学校也不应以附属品看待自己。正名定义，附属学校这个名字要不得"。师范毕业生如果获得中心学校的有效办学和因地制宜的本领，就可以去别的环境里创办一个学校。新办学校的精神与中心学校一脉相承，但是新办学校要适应它的特殊环境，也要改造它的特殊环境。

上述分析表明，自然、社会里的幼年生活可以说是中心学校的中心，中心学校又是师范学校的中心，那么有什么样的中心学校就会有什么样的师范学校，比如以幼稚园为中心学校，可以办幼稚师范；以小学为中心学校，可以办初级师范；以中学或师范为中心学校，可以办高等师范或师范大学；以各种职业机关或学校做中心学校，可以办各种职业师范。陶行知指出，中心学校有两种建立方式："一是另起炉灶来创设；二是找那虚心研究、热心任事、成绩昭著并富有普遍性之学校特约改造，立为中心学校。"师范生招生也有两种方法："一是本校招收新生始终其事，予以完全训练。这种方法规模较大，需用人才、设备、经费也较多。二是招收他校将毕业而有志充当教师之学生或有相当程度之在职之教员，加以相当时期之训练。"

六、"教学做合一"之教法

陶行知生活教育理论的教学方法论是"教学做合一"，是针对"教死书、死教书、教书死"和"读死书、死读书、读书死"的传统教学而相对提出的新的教学方法论。他曾对"教学做合一"进行过详细的说明，即其是生活现象之说明，即教育现象之说明。在生活里，对事说是做，对己之长进说是学，对人之影响说是教。教学做只是一种生活之三个方面，而不是三个各不相谋的过程。"教的方法根据学的方法，学的方法根据做的方法。事情怎样做便怎样学、怎样学便怎样教。教而不做，不能算是教；学而不做，不能算是学。教与学都以做为中心，在做上教的是先生，在做上学的是学生。"

在南京晓庄师范学校，陶行知曾提出并践行"教学做合一"的教育思想。他的"教学做合一"和杜威"从做中学"的思想有所不同。"教学做，是一件事，而不是三件事。我们要在做上教，在做上学。……先生拿做来教乃是真教；学生拿做来学，方是真学。……做是学的中心，也是教的中心。""做"是"劳力上劳心"。单纯"劳力"只是蛮干，不是"做"；单纯"劳心"是空想，也不是真正的"做"，这个"做"是"行是知之始"的"行"，是获得知识的源泉。"传统教育是先在学校把知识装满了，才进到社会里去行动。""先生是教死书，死教书，教书死；学生是读死书，死读书，读书死。""先生只管教，学生只管受教，好像是学的事体，都被教的事体打消了。"基于此，他提出"教学做合一"的教学方法论。

以陶行知亲自创办和主持的晓庄师范学校为例，该校依据现实需要设立的教学做课程有以下几类。

第一，体现与生活实际相联系的有"招待教学做""烹饪教学做""洒扫教学做"等课程。学校里的"什么文牍、会计、庶务、烧饭、种菜，都要学生轮流学习的。全校只用一个校工担任挑水一类的事。其余一切操作，都列为正课，由学生躬亲从事"。

第二，体现与生产实际相联系的有"征服天然环境教学做"，它包括"科学有农业教学做""基本手工教学做"等课程。南京晓庄师范创办之初，就准备了田园200亩[①]，供师范生耕种；荒山数座，供师生造林。给以最少经费，供师生自造茅屋草屋居住。并规定上至校长下至学生，谁造不出茅草屋，就得永远住帐篷。招生考试时，都得考"农事或土木工操作"。学生入学后，必须参加生产劳动。学校有副对联曰"四体不勤，五谷不分，孰为夫子；小疑必问，大事必闻，才算学生"。他要求该校师生"和马牛羊鸡犬豕做朋友；对稻粱粟黍稷下功夫"。

第三，体现与社会活动相联系的有"改造社会环境教学做"，它包括村庄自治、合作组织、乡村调查、民众教育、农民娱乐教学做等课程。陶行知要求师生中两个人要负责改造一个乡村环境，与农民交朋友，教农民出头。

陶行知倡导的师范学校的教学内容十分丰富，不仅要求学生认真学好系统的基础文化科学知识，还要求他们适当参加各类生产活动和社会活动，学一些待人接物方面的知识。南京晓庄师范把学校分为前方和后方，全体指导员严格指导每个师范生到前方各中心小学去办学任教，后方师范部的各种学习都以配合前方办学为要，这样即知即行，行以求知，即边教学边实习，理论与实习合为一体，师范生不但学以得用，而兼学教人。不仅如此，他甚至提出师范生毕业时，成绩合格只能发修业证书，待离校后服务半年，经过检查，确能按生活教育原理办学，能胜任教育工作者，方可发放毕业证书。

"教学做合一"在师范生的教育实习中也得到了极为充分的体现。陶行知非常重视师范生的实习工作。他指出："我们要想每一个乡村师范毕业生将来能负改造一个乡村之责任，就须当他未毕业之前教他运用各种学识去作改造乡村之实习。这个实习场所，就是眼面前的乡村，师范所在的乡村。"对于实习，他仍然坚持"教学做合一"的做法。"现今师范教育之传统观念是先理论后实习，把一件事分为两截，好比早上烧饭晚上请客。……教学做合一的中心学校就是要把理论和实习合为一炉而冶之。"

在"教学做合一"的培养模式中，陶行知也十分强调中心学校的作用。他指出，旧的师范学校称中心学校为"附属"学校，视其附属品，这是错误的。这样是将理论学习和实习分开，是将师范生关在笼子里培养，因而只能培养出懂

[①] 1亩≈666.67平方米。

些理论知识却没有实际能力的书呆子。陶行知认为，师范学校和中心学校是一个有机体，中心学校是师范学校的中心而非附属品。"师范学校的使命，是要运用中心学校之精神及方法去培养师资。"在南京晓庄师范，学生被要求轮流到中心学校任教，且必须事先拟订详细计划，事后做总结报告。学生通过在中心学校的锻炼学习，不仅在教学中巩固了专业知识，掌握了教学基本技能，同时也暴露出知识结构中的不足，返校后再有意识地予以补充。

综上所论，陶行知师范教育思想就是建立和实施"活的师范教育"，是在生活教育理论基础之上，经过长期实践总结出的有中国特色的教育思想。当前中国的师范教育改革正在进行，师范教育必然对此做出反应，陶行知先生关于师范教育的地位作用、培养目标、办学方向、教学内容和方法等方面的思想，仍具有重要现实指导意义。因此，我们应从实际生活出发，创造性地加以应用。陶行知说过，先辈留下来的宝贵遗产我们必须用选择的态度来接受。同样，我们对陶行知师范教育思想也要力求有所发展和创新。正如他所说的："创我者生，仿我者死。"

拓展阅读

[1] 陶行知. 陶行知文集（上、下册）[M]. 南京：江苏教育出版社，2008.
[2] 徐莹晖. 陶行知论生活教育 [M]. 成都：四川教育出版社，2010.
[3] 顾伟. 陶行知教育思想研究 [M]. 徐州：中国矿业大学出版社，2011.
[4] 曹常仁. 陶行知师范教育思想的现代价值 [M]. 合肥：安徽教育出版社，2011.
[5] 周洪宇. 陶行知教育名篇精选 [M]. 福州：福建教育出版社，2013.
[6] 陶行知. 教育的真谛 [M]. 武汉：长江文艺出版社，2013.
[7] 陶行知. 陶行知教育名篇 [M]. 北京：教育科学出版社，2013.
[8] 董宝良. 陶行知教育论著选 [M]. 北京：人民教育出版社，2015.
[9] 刘锐. 陶行知传 [M]. 北京：北京时代华文书局，2016.
[10] 胡晓风. 陶行知教育文集 [M]. 成都：四川教育出版社，2017.
[11] 吴昕春，孙德玉. 陶行知教育思想与实践 [M]. 芜湖：安徽师范大学出版社，2017.
[12] 陶行知. 优秀教师的自我修养 [M]. 长沙：湖南人民出版社，2019.
[13] 陶行知. 陶行知教育箴言 [M]. 哈尔滨：哈尔滨出版社，2011.